地球永續漫畫 002

漫畫圖解——地球環境與SDGs 2

一同守護！認識生物多樣性

マンガでわかる！地球環境とSDGs 第2巻 守ろう！生物多様性

晨星出版

前言

地球孕育了各式各樣的生命。不管是哺乳類、鳥類、昆蟲還是微生物，各種生物皆在茂密的森林裡保持平衡狀態，共同生存。魚類、蝦蟹及珊瑚棲息的海洋也是如此。眾多生物互有關聯的情況稱為生物多樣性，但是現在這個生物多樣性卻慢慢在消失當中。

因此我們要透過本書了解生物之間的關聯，以及森林與海洋所扮演的角色。

©PIXTA

海裡的生物也因為地球暖化及海洋垃圾的影響而慢慢失去多樣性。

©PIXTA

二十世紀初世界上大約有十萬隻老虎，但是到了2010年卻降到三千多隻。

Cynet Photo

即使是地球上生機最為盎然的森林之一，南美洲亞馬遜河的森林依舊不斷遭到砍伐，讓許多動物失去家園。

浣熊

©PIXTA

擬鱷龜

人類引進的外來種生物讓原本生活在該地區的動物數量減少，導致生態系發生變化。

©PIXTA

第2冊 一同守護！認識生物多樣性

生物多樣性和SDGs

主要與下列目標有關。

14 保護海洋的豐富資源
15 保護陸地的富饒資源

目次

第2冊 一同守護！認識生物多樣性

生物多樣性和 SDGs

主要和以下目標有關聯。

14 保護海洋的豐富資源
15 保護陸地的富饒資源

本套書籍皆採以下方式製作，以期降低對環境的負荷。

❶使用 PUR 膠裝訂成冊

PUR 熱熔膠是一種適用於紙張回收的黏著劑，不僅可以用來製作經久耐用的書籍，回收時又可與紙張完全分離。

❷使用植物性油墨

植物油墨水是以大豆油、亞麻仁油及椰子油等植物油代替石油的印刷油墨，可以減少揮發性有機化合物產生。

❸使用製程對環境友善的紙張

向從事環保事業活動的製造商採購紙張。

第1章 地球的綠色植物越來越少了！

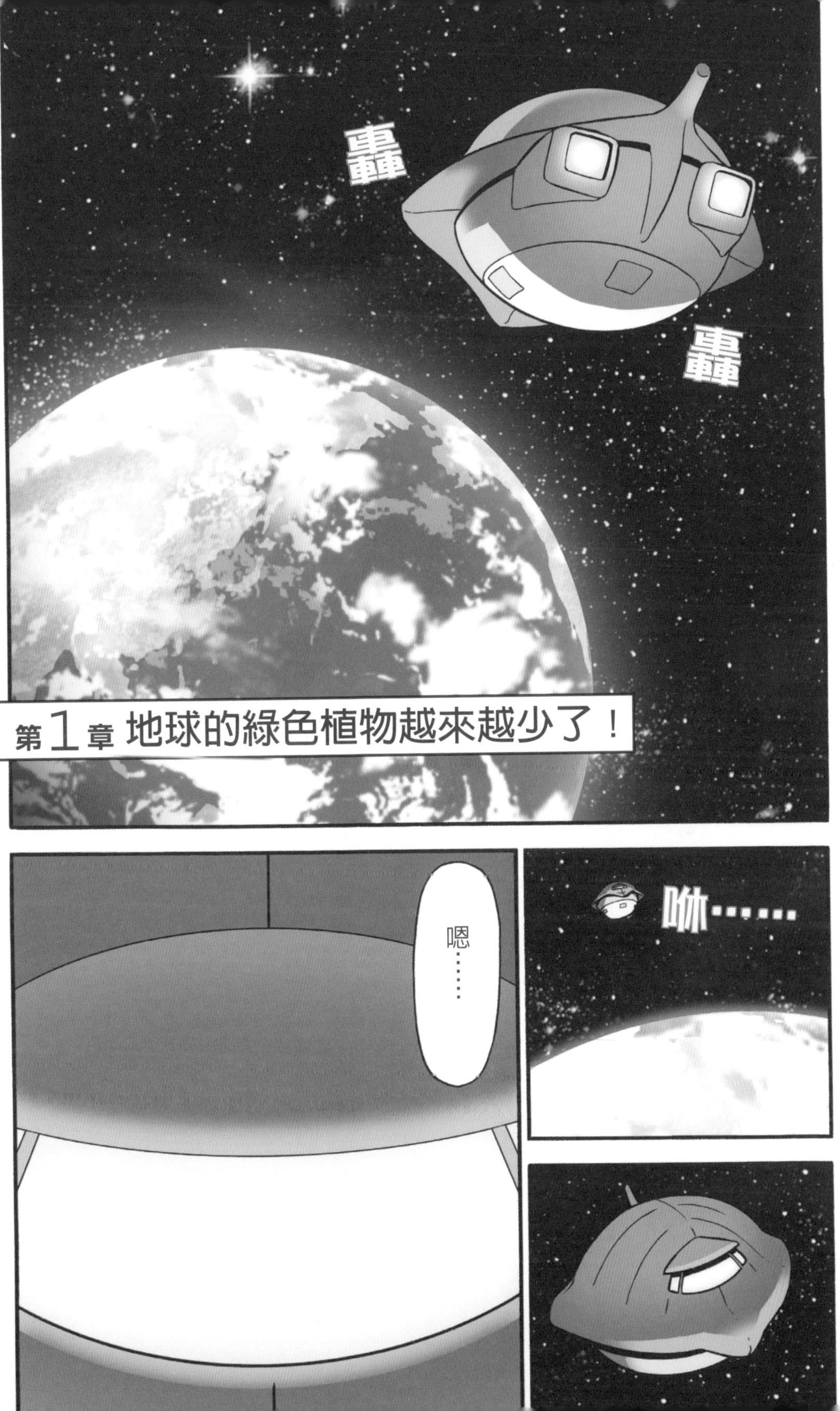

雖然曾聽人家說過，
嗶
嗶
荒漠化進行中！
二氧化碳增加中！
不過這星球也太可怕了吧……。
已經完蛋了，不是嗎！
嗶
嗶叩
看來只能整個摧毀了。
那個少爺。
這顆星球確實很糟糕，
但我覺得還是要親自好好調查一番再決定……。
也是。好吧，反正在摧毀之前我也想看看地球人……。
先去那座島嶼看看吧。
是。

裕太
（小學一年級）
嘎搭嘎搭嘎搭
嘎搭嘎搭
小舜
（國中二年級）
啊——。
伸直——
小茜
（國中二年級）
好・無・聊！
啊啊啊啊啊

……無聊的話那妳幫我寫。
窸窸窣窣
我才不要！看也看不懂的作業我才不要碰呢！
妳別忘記……這個是我們兩人要一起交的作業喔。
知道啦——。
啪
我不是已經陪你寫了嗎？
姐姐，妳看！我抓的！
妳簡直就是來野餐的嘛！
還帶弟弟裕太來！真受不了妳……
咬
為什麼要跑到這樣的森林裡來寫作業呀？
嚼
嚼
那是因為這是一份、
關於「生物多樣性」的報告呀。
森林是觀賞「生物多樣性」的最佳場所。
颯颯……

對了，「生物多樣性」到底是什麼呀？
嗯……這很難用兩三句話說明耶。
例如我們在森林公園這種綠意盎然的地方
不是可以看到各種動物嗎？
像這樣「各種生物以各種型態生活」的情況，
就叫做「生物多樣性」。

那麼……。如果說「綠意盎然的地方」很重要的話，
那生物中最偉大的不就是植物了？
確實，利用光合作用吸收二氧化碳再產生氧氣的植物真的很重要——。但動物、植物，還是其他生物都是平等的喔。
地球上的所有生物之所以能夠生存，都是因為有其他生物存在。
正因為生物之間互相支持，所以才會構成「生物多樣性」。
互相支持？
＝疊羅漢嗎？
互相支持？
原來如此，我懂了。
碰
不，妳根本就沒聽懂吧！
總之，你想說的就是森林和植物都很重要，對吧？
不，我就說妳沒聽懂！所有生物都很重要，不只是植物……。
吼——！小舜你的解釋又長又亂，好難懂喔！
那些細節跳過就好了不是嗎？總之你想說的，就是植物很重要！
……！

沒錯！
咦？
植物真的很重要喔！
誰？人在哪裡？
東張
西望
上面啦，上面！
咚
咚
咦咦!?
你們這些連光合作用都做不到的地球人還挺清楚的嘛！
什麼「地球人」……
難道是……外星人!?
飄
飄
怎麼可能！
懸空
可是他們懸在空中耶……!?
啊！
你們兩個小心！
還不知道他們會對我們做什麼！要小心行事……
啪
咦？
不見了

天哪——!! 這傢伙好可愛喔——♡
喂！不要隨便亂摸！
跟我說、跟我說！你為什麼飄得起來？
喂、喂！
這些傢伙完全沒有警覺心！！
揉捏
用力
咚！
那、那個你……。
你是外星人嗎？
沒錯！我叫小內，是植物型外星人！
他是支援機器人，小綠！
咚
咚
天哪！是外星人耶!! 為什麼是綠色的!?
什麼呀，這個尾巴！
廢話，我的身體有葉綠體呀！不然不能進行光合作用……。
啊，不可以碰尾巴……！
弟、弟弟你想做什麼!?
那是太空船嗎!? 我也要坐！
可惡！放開我！
……。
發抖
拉
什麼跟什麼呀

呼～呼～！地球人怎麼如此厚臉皮呀！
小心點，少爺！
不不不，他們比較特別啦。
沒有
沒有
嗟嗟
嘿，你！那個是太空船吧!?
我想坐！讓我坐——！
什麼嘛！想坐就早點說呀！
啊？
你們這些人，想坐太空船就一起跟我來吧！
真的嗎!?耶——！
欸欸欸！
我、我先不要……。
你在說什麼！機會難得耶！
沒關係啦，小舜也一起！
呃啊……！
咕咿
轟隆

好厲害喔——！真的會飛耶!!
問你喔！這艘船不會變成機器人嗎!?
不、會。
呵呵呵，很好奇吧。
你說你叫小內嗎？為什麼要帶我們來這裡呢？
我來地球是有事要做。
除了調查地球，我也想聽聽地球人的意見。
現在我們這些植物系生命體非常擔心地球。
地球在這個宇宙中明明是植物最為豐富的星球之一，
卻因為住在那裡的「人類」，導致植物瀕臨滅亡……

你說的太誇張了，怎會滅亡呢？
還有這麼多植物耶，你看！
唉，你們真的頭腦很差耶……。
說誰頭腦差呀!?
你這頭上有怪東西的傢伙！
扭
扭
欸，住手！頭上那個很脆弱！摸了我會沒有力氣……。
發抖
發抖
……。
我說你們腦了不好是指對自己的星球一無所知
你再說一次！
跳
跳
哇
你知道亞馬遜嗎？
知道呀！這種程度的常識。
就地球上最大的熱帶雨林，也是動植物種類最多的重要森林，不是嗎？
飄
飄
那這件事你們知道嗎？
是。
小綠！
閃

亞馬遜河的森林正在消失！
・紅色是森林消失的部分
0 5 10km
這片重要的亞馬遜森林
啪啪
每年都會有2萬到3萬平方公里的森林消失不是嗎！
ALOS衛星「DAICHI」（2009）與「DAICHI-2」（2014）觀測到的亞馬遜熱帶雨林森林面積之比較（紅色為減少的森林面積）
JAXA/METI
群馬
栃木
茨城
埼玉
東京
神奈川
千葉
順便告訴大家，3萬平方公里和關東地區的面積差不多。
再這樣下去，亞馬遜的森林極有可能會在幾十年内消失！
這樣你還會說我「誇張」嗎？
咦？咦？
真的嗎？小舜！
嗯。雖然無奈，但這是真的……。
？

可是，小內。人類為了保護森林也做了不少努力喔。
好重喔少爺……
騙人，才沒有。
轉頭
跟你說，是真的！
上課的時候老師就有說了！
我拿證據給妳看。
轟隆！
小綠，到那邊去！
是。
嘰……

妳知道這裡是哪裡嗎？
應該是印尼吧……？
沒錯！
好大的煙喔……火災？
那是為了造田在*放火燒森林。
開闢田地要燒森林!?
因為灰燼可以當肥料，而且砍伐森林又很簡單。
不對呀。這附近的森林應該屬於保護區才是啊……。
你在說什麼。人類根本就沒有在保護這一區。
不，不可能的！
如果你還不明白，那我就給你看更誇張的東西！
嗯。
咻——
看！看到了嗎!?
嗯？

*放火燃燒森林之後再開闢田地稱為火耕，是東南亞及非洲自古以來的農業技術。

那是……!?
是非法砍伐的木材。
這麼多呀……。這些都是違法砍伐的嗎？
對。光天化日之下這些人在這裡破壞森林。
這哪叫保護呀──！
……。
把我們的同伴砍成這個樣子……。
真的很過份！他們要是能開口說話的話，一定會破口大罵！
喂！你們在那裡做什麼！
嗯？
你……是誰？

想偷我們的木頭!!
出—現
哪來的傢伙呀。
飛快而來
山、山老鼠!?
大家快逃!
逃?為什麼?
他們是壞人!不知道會如何對付我們呀!
噠!
那為什麼是我們要跑?
快點!拖拖拉拉的在幹嘛!
小綠，用「驚栗炸彈」攻擊他們吧。
好的。
登愣!
碰
碰
碰
啊!?
套住
呀吼—
合體
咻—
尖叫—
咻—
打中了
套住

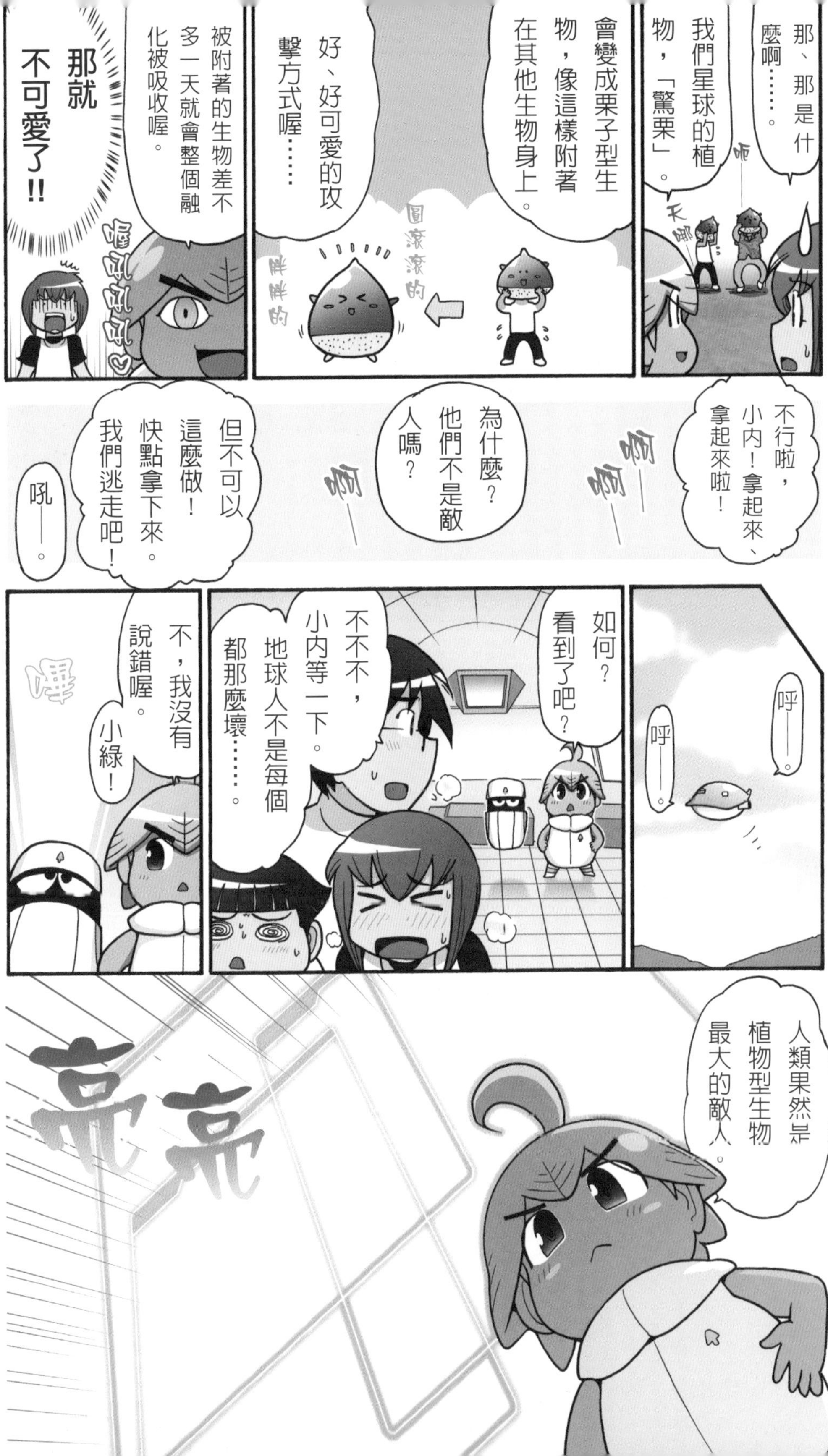

那、那是什麼啊……。
我們星球的植物，「驚栗」。
會變成栗子型生物，像這樣附著在其他生物身上。
圓滾滾的
好、好可愛的攻擊方式喔……
被附著的生物差不多一天就會整個融化被吸收喔。
那就不可愛了!!
不行啦，小內！拿起來、拿起來啦！
啊——
啊——
為什麼？他們不是敵人嗎？
啊——
但不可以這麼做！快點拿下來。我們逃走吧！
吼——。
呼——。
呼——。
如何？看到了吧？
不不不，小內等一下。地球人不是每個都那麼壞……。
不，我沒有說錯喔。
小綠！
人類果然是植物型生物最大的敵人。
亮亮

為了得到木材而砍伐森林
看來你們人類是為了自己的方便到處破壞森林！
為了確保牧場土地而砍伐森林
為了滑雪場、高爾夫球場等休閒設施不斷開發土地
森林已經越來越少了還明知故犯……！
為了造田非法焚燒原始森林

有的報告甚至指出用這種方式
開鑿出來的土地到最後會變成沙漠。
再這樣下去，植物會生長不了的！
沙漠
受到荒漠化威脅的地區
World Environment Atlas
……。
這樣你還要跟我說人類不壞？
對對對對不起啦，小內！
大哭
哇。
我現在才知道原來地球這麼慘！
人類怎麼能這樣傷害植物呢？
對不起啦！
知、知、知、知道就好了啦！
所以那邊不要再碰了……。
摸頭摸頭摸頭摸頭
太極端了吧！你們這些人。
發抖
發抖
那我們該怎麼辦呢？
再這樣下去森林會消失的。
磨蹭磨蹭磨蹭
呃啊啊啊啊～

兩位都不用擔心。
只要按下那個開關，這個問題就可以一次解決！
嗯？
只要按下這個，就會有道光束將地球整個包起來，這樣植物就不會越來越少了喔。
這、這種事也辦得到呀……。
這科技也太偉大了吧。
我本來就是為了這件事而來到地球的。
什麼嘛！你怎麼不早點說呢？
害我白擔心了！
好，快按、快按！
按吧。
小內，那是什麼樣的光束呀？
「植物以外的生物通通都會死翹翹的光束。」
好，那我按了喔——
等一下——!!

你說「植物以外」那人類呢!?其他的動物及昆蟲呢!?
嗯?不會進行光合作用的生物全都會死喔。
那我們不就也會一起死嗎!?
可是破壞植物的是人類,不是嗎?
呃,是沒錯。
只要沒有人類,植物就不會消失,是吧?
……嗯。
那就要按了呀。
沒錯、沒錯。你就按吧。
我不是說不行嗎!
搞不清楚狀況
不要啊

接第36頁

發揮重要作用的森林

世界各地的森林因為遭到破壞而銳減的情況已經造成問題。但在進入主題之前，先來探討一下森林有什麼作用。

不管是地球、生物還是人類皆各司其職

森林對地球環境、生物以及我們人類來說，都有重要作用。

首先植物會經由光合作用吸收空氣中的二氧化碳，之後再釋放氧氣。只要二氧化碳被植物吸收，就能防止地球溫度上升過快。另外，植物還會釋放氧氣，如此一來動植物就能賴以生存。

除此之外，森林還會從樹根吸收雨水，之後再經由樹葉來釋放水分，讓地球上的水得以循環，而且這麼做還能避免土壤被雨水沖走。另外，森林還是哺乳類、鳥類和昆蟲等眾多生物的棲息之處，也是營養來源，而且還為人類提供了木材及紙張等資源。

©PIXTA

野生動物的家園
孕育河川與海洋裡的生物

森林為地球及人類帶來了許多東西喔。

對人類來說，森林不僅提供了資源，還是一個舒適安寧的休閒娛樂場所。

©PIXTA

森林是許多動物的家園，也是獲取食物的地方。

森林的功能

吸收二氧化碳，
提供氧氣
涵養水資源
防止土石流
穩定供水
供應木材
提供舒適安寧的環境

守護地球的熱帶雨林

森林中分布於熱帶地區的熱帶雨林對整個地球的自然環境扮演著一個相當重要的角色。

提供氧氣的生物寶庫

赤道附近終年溫暖的地區稱為熱帶，在這當中雨量豐富而且還孕育許多植物的森林就稱為熱帶雨林。這片熱帶雨林主要分布在南美洲、非洲中部及東南亞。

熱帶雨林對地球環境發揮了相當大的作用。其中一個就是吸收二氧化碳，供應氧氣。儘管熱帶雨林僅占地球陸地約7％的面積，但卻提供了全球約40％的氧氣。

另一個作用，就是為許多生物提供棲息之地。包括未知生物在內，據說目前地球上的生物已經超過了1000萬種，而且超過半數生活在熱帶雨林。

擁有熱帶雨林的地區

南美洲
主要分布在亞馬遜河流域
非洲中部
主要分布在剛果河流域
東南亞
主要分布在印尼及馬來西亞

mongabay.com

高大樹木
常綠植物‧藤本植物

熱帶雨林是什麼樣的地方？

熱帶地區氣溫高，雨量充沛，植物生長良好，因此熱帶雨林常見高達50公尺的大樹，下面則是茂密的常綠植物（一年四季皆有綠葉）以及藤本植物。但在這種情況之下陽光非但照不到地面，草叢也不太會生長，所以熱帶雨林落葉少，土壤也比較貧瘠。

亞馬遜河流域的熱帶雨林。 Dr Morley Read / Shutterstock.com

生活在熱帶雨林中的生物

棲息在南美洲熱帶雨林中的美洲豹。 ©PIXTA

生活在東南亞熱帶雨林樹上的紅毛猩猩。 ©PIXTA

生長在印尼及馬來西亞熱帶雨林中的大王花。直徑長達 1.5 公尺，是世界上最大的花。
Bpk Maizal / Shutterstock.com

生活在印尼及馬來西亞熱帶雨林中的馬來犀鳥。
YUMIK / Shutterstock.com

森林砍伐的現狀和影響

森林對地球來說是一個非常重要的資源，但是全世界的森林面積卻一直在減少，尤其熱帶雨林的枯竭現在已經成為一個非常嚴重的問題。

正在減少的熱帶雨林

全世界森林面積約占陸地的30%，不過這個數字一直持續在減少。像2010年到2015年這段期間平均每年就會失去了將近330萬公頃的森林，相當於日本國土面積的9%。

按國家來看，森林面積減少最多的是巴西、印尼及緬甸等國家，而且這些國家都擁有豐富的熱帶雨林。但這世界上並不是每個地方都在失去森林，像中國、澳洲及智利等重視造林的國家森林面積就反而在增加。至於日本的森林面積則幾乎沒有增減。

有些地區的森林面積明明正在增加，但是全球的森林面積卻反而一直在減少。這樣的情況，應該是對地球環境影響極大的熱帶雨林大量消失所致。

全球森林面積平均每年的變化 （2010～2015年的平均變化）

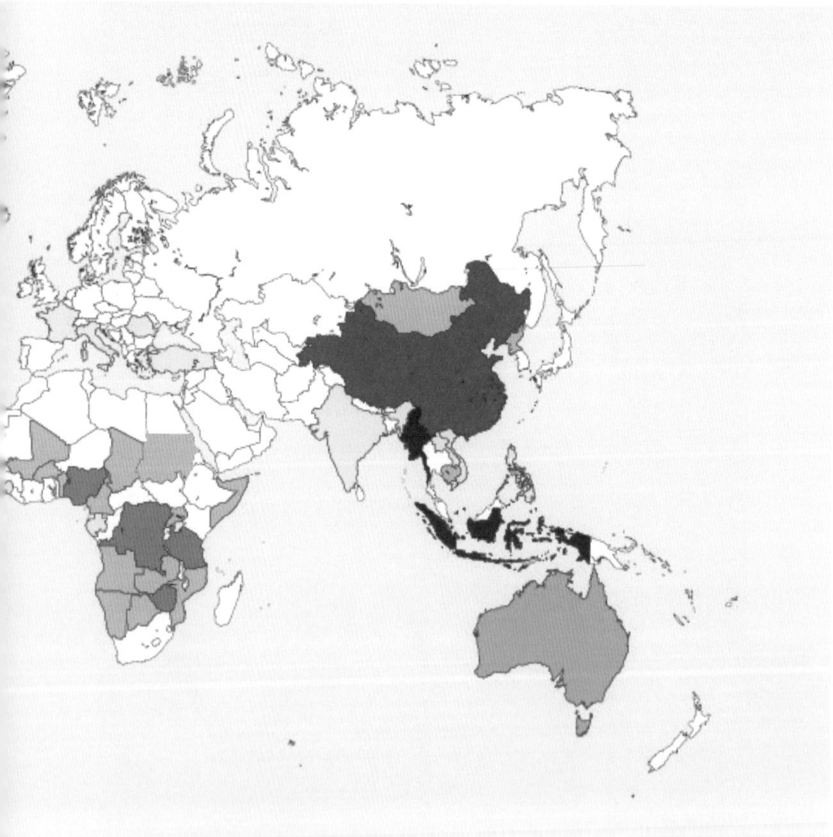

資料來源：《世界森林面積國別淨變化（2010～2015年，年平均）》（環境省）
（https://www.env.go.jp/nature/shinrin/index_1_1.html）
根據聯合國糧食及農業組織（FAO）的《2015年全球森林資源評估》（2015）所製作

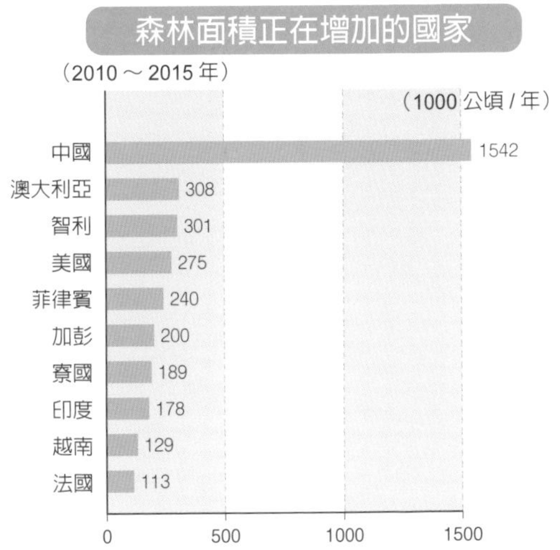
森林面積正在增加的國家
（2010～2015年）
（1000公頃/年）
中國 1542
澳大利亞 308
智利 301
美國 275
菲律賓 240
加彭 200
寮國 189
印度 178
越南 129
法國 113
0
500
1000
1500

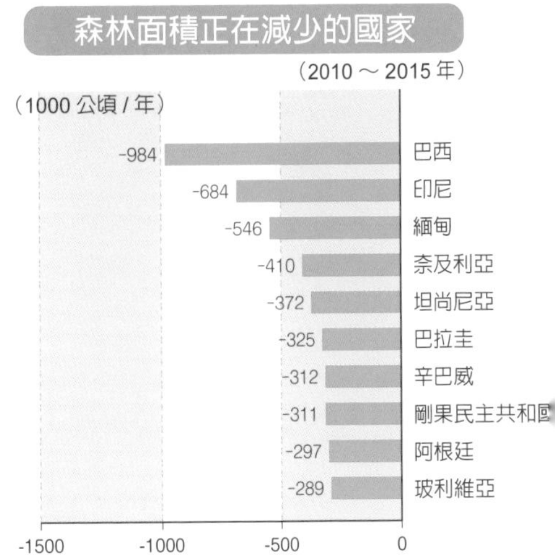
森林面積正在減少的國家
（2010～2015年）
（1000公頃/年）
巴西 -984
印尼 -684
緬甸 -546
奈及利亞 -410
坦尚尼亞 -372
巴拉圭 -325
辛巴威 -312
剛果民主共和國 -311
阿根廷 -297
玻利維亞 -289
-1500
-1000
-500
0

資料來源：《世界森林面積國別淨變化（2010～2015年，年平均）》（環境省）（https://www.env.go.jp/nature/shinrin/index_1_1.html）

森林若是消失，會發生什麼事？

森林一旦減少，就會帶來各種影響。首先是吸收二氧化碳的植物變少，這樣大氣中的二氧化碳濃度就會上升，進而導致地球暖化。而多種生物的棲息地會變少，如此一來生物的數量就會下降，使得生物的多樣性受到破壞。不僅如此，熱帶雨林原本就沒有肥沃的土壤，森林要是過度砍伐，整片雨林就會因為植物無法生長而荒漠化。

The Art of Brani / Shutterstock.com

土地已經荒漠化（衣索比亞）。

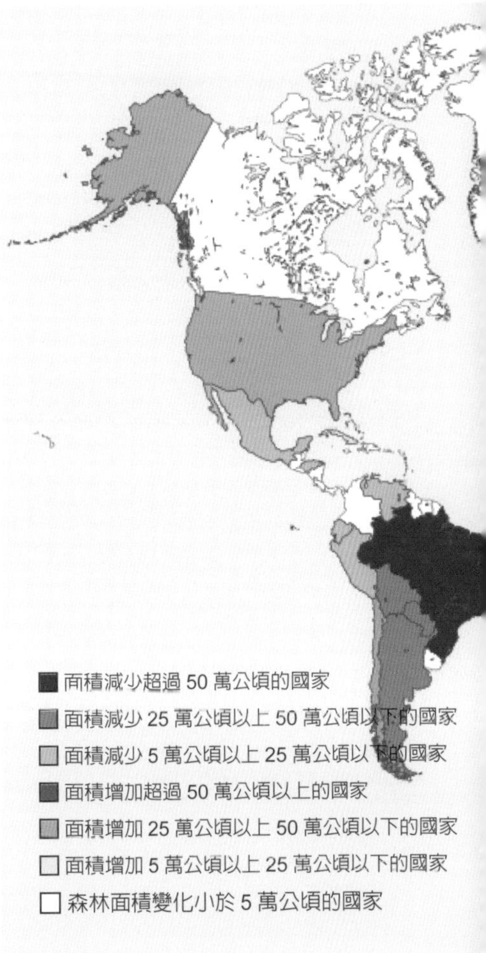
面積減少超過50萬公頃的國家
面積減少25萬公頃以上50萬公頃以下的國家
面積減少5萬公頃以上25萬公頃以下的國家
面積增加超過50萬公頃以上的國家
面積增加25萬公頃以上50萬公頃以下的國家
面積增加5萬公頃以上25萬公頃以下的國家
森林面積變化小於5萬公頃的國家

森林砍伐的原因

森林消失的原因是什麼？

大多數的原因，是人類活動造成的。

等不及森林恢復地力的火耕農業

「火耕農業」（或稱游耕、刀耕火種）是造成熱帶雨林消失的原因之一，是一種把森林燒成土地，耕種數年之後再遷移到其他土地的耕種方法。

自古以來，各地都可見火耕農業，但是傳統的火耕農業是在恢復森林的情況之下同時進行的。然而近年來人口增加，使得森林還來不及恢復原有風貌就又遭到焚燒，無法重生，所以才會慢慢枯竭。

進行火耕農業時若是沒有好好計畫，森林是會慢慢消失的。

放火燒毀的森林（泰國）。 Joey56 / Shutterstock.com

改建為經濟作物農場

許多森林被開墾成農場，種植可以當作商品銷售的農作物，不少熱帶雨林更是改為可以製作棕櫚油的油棕，或者是甘蔗、玉米和棉花等經濟作物的農場。這些經濟作物大多出口到先進國家，讓當地人民的生活更加豐裕。

種植油棕以製作棕櫚油的農場。 Rich Carey / Shutterstock.com

木材用量增加

森林的樹木砍伐之後會當作木材或紙張的原料來使用。世界人口的增加提高了人們對木材與紙張的需求，使得砍伐的森林跟著變多，進而導致森林面積減少。

日本是一個森林資源豐富的國家，但由於從事林業的人數減少等因素，使得國內使用的木材有70％必須仰賴進口才行。而先進國家大量進口木材，也是開發中國家森林減少的原因之一。

©PIXTA

為了當作木材和紙張等原料來使用而被採伐的森林樹木。

日本使用的木材來自哪裡？

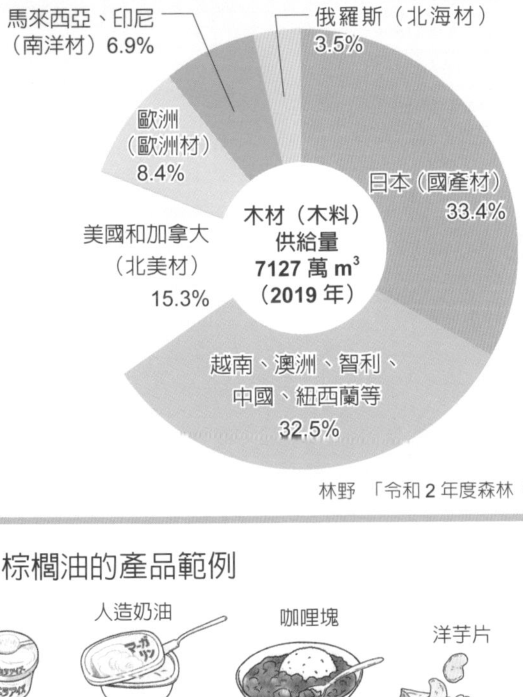

木材（木料）
供給量
7127萬 m^3
（2019年）
日本（國產材）
33.4%
越南、澳洲、智利、
中國、紐西蘭等
32.5%
美國和加拿大
（北美材）
15.3%
歐洲
（歐洲材）
8.4%
馬來西亞、印尼
（南洋材）6.9%
俄羅斯（北海材）
3.5%

林野 「令和2年度森林 林業白書」

使用範圍廣泛的棕櫚油

棕櫚油是世界上使用範圍最廣泛的植物油。不管是人造奶油、麵包與薯片等食品，還是洗衣清潔劑或洗髮精，通通都會用到它，但在產品上通常都是以植物油、植物性脂肪或起酥油等名稱來標示。我們的日常用品其實都會用到棕櫚油，但卻鮮少有人知道。

使用棕櫚油的產品範例

冰淇淋
人造奶油
咖哩塊
洋芋片
化妝品
炸雞
炸薯條
洗衣清潔劑
麵包
巧克力
杯麵

如何落實森林保護

只要防止森林遭到破壞，抑制森林面積減少，就能預防地球暖化，所以目前人們正努力落實各種措施。

森林砍伐與其他問題息息相關

保護森林的措施有SDGs的目標15「保育及永續利用陸域生態系，確保生物多樣性並防止土地劣化」中的「森林永續管理」。另外，目標13的「完備減緩調適行動，以因應氣候變遷及其影響」也與此密不可分。

誠如第32至33頁所述，森林減少的原因包括了火耕農業、農地改種經濟作物，以及木材的使用增加。除此之外，人口增加與窮困、先進國家與發展中國家之間的差距等問題也是造成如此現象的背景因素。故在解決問題的時候，這些因素都要納入考量之中。

因此我們不能只靠某個國家及地區，國際之間也要攜手合作，共同思考對策。

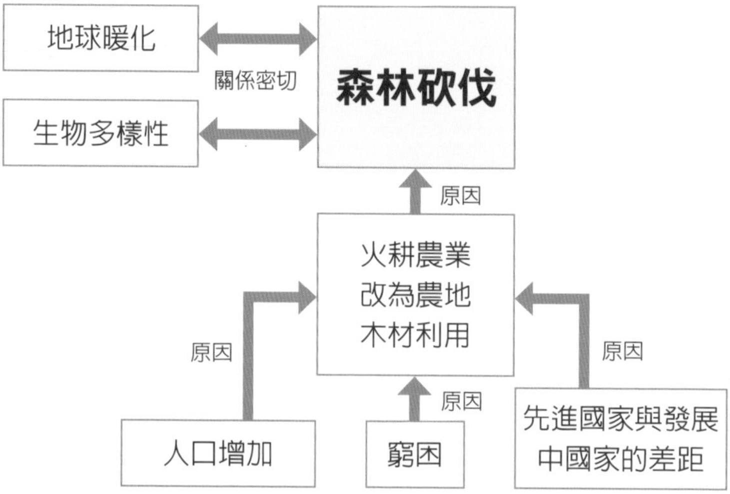
地球暖化
生物多樣性
關係密切
森林砍伐
原因
火耕農業
改為農地
木材利用
原因
原因
原因
人口增加
窮困
先進國家與發展中國家的差距

由當地居民管理森林

保護森林的概念之一就是「社區林業」，也就是以當地居民為主體來共有、共管森林，並且共享從森林中獲得的利益。只要妥善管理森林，就可以穩定當地經濟，落實森林保護的目標。

培訓當地居民管理森林（衣索比亞）。
照片提供／JICA

選擇環保木材和木製品的機制

熱帶地區主要木材生產國出口的木材通常會有50％至90％被認為是非法砍伐而來的。若沒有好好思考如何永續利用森林，只知非法砍伐的話，森林就會遭到濫墾濫伐。

為此人們根據法律訂立了一個制度，以辨識那些以永續使用為考量而生產的木材及木製品。這個制度是基於日本伐木法案和綠色採購法等法律而制訂的，有FSC認證及PEFC等認證。凡是獲得這些認證的產品都會加上標誌。購物時只要選擇相關產品，就可以參與保護森林的活動。

SGEC認證

對於採取適當管理或永續管理的森林生產木材及木製品加以認證的體系。

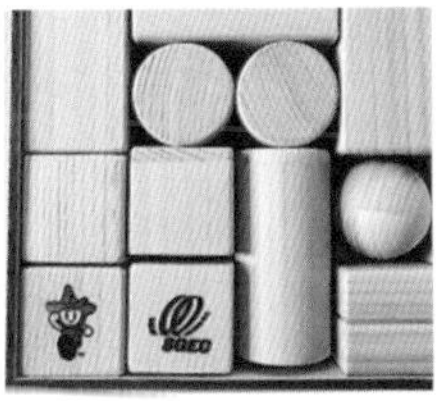

有SGEC認證標誌的玩具。

照片提供：鹿沼市森林認證協議會

PEFC認證

以永續管理森林為目的，採取符合國際標準的方式從事林業的認證體系。

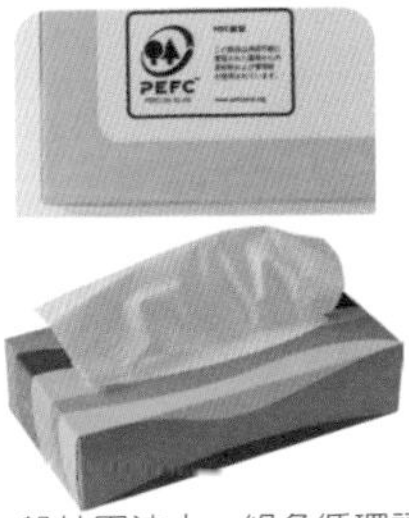

有PEFC認證標誌的紙包裝。

一般社團法人　綠色循環認證委員會

FSC®認證

符合FSC（森林管理委員會）制定的原則和標準的認證。

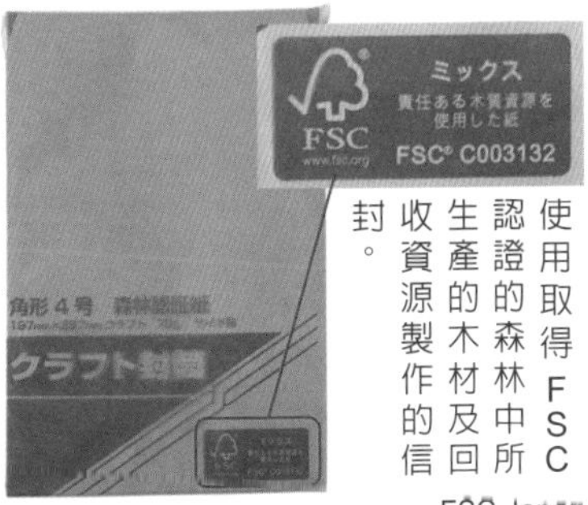

使用取得FSC認證的森林中所生產的木材及回收資源製作的信封。

FSC Japan

保護森林能做的事

我們身邊有許多東西的原物料都是木材。只要好好珍惜使用，就有助於保護森林。

不浪費紙張和紙製品。

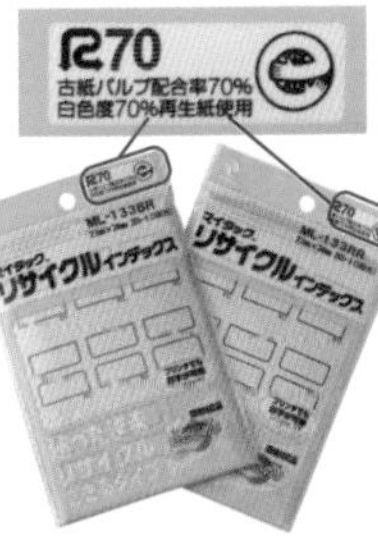

選擇使用再生紙的產品。

選擇用疏伐材（為了維護森林而砍下的樹枝）製成的產品。

拒絕包裝紙和紙袋。

照片：金子寫真事務所

第2章　生物多樣性很重要嗎？

不行啦！不可以使用「植物以外全都死翹翹光線」啦！
為什麼？小茜妳不是也看到植物是怎麼被對待的？
但還是不行啊！
嗯……嗯……因為……
那個……
不知所措
對了！如果這個世界只有植物，
那麼重要的「生物多樣性」就會消失喔！
喔喔，給妳一個讚。小茜！
那是什麼！？
指

讓我來告訴你什麼是「生物多樣性」吧。
閃亮
許多生物都是以疊羅漢體操的方式來共同生存的夥伴喔！
登愣！
不是這樣啦
在說什麼呀？
我還是要攻擊。
不行——！
不可以！小舜，解釋一下！
跳過！
快告訴他生物多樣性有多重要。
關鍵的地方怎麼可以跳過啦——！
還、還突然要人家解釋……
手忙腳亂
好！生物多樣性有三種。
那裡頭有「生物多樣性」的資料嗎？
嗯，有。
小綠。
是。
哇!?
咔喳！
不管是什麼樣的電子計算機，小綠都可以登入。
你只要下指令，它就會顯示任何數據。
原、原來如此。那太好了。
嘰
嘰嘰嘰
咔嘰
那……你可以先找一下「加拉巴哥群島的雀鳥」嗎？
好。
嗶咔

噗
哇
哇，這是什麼!?
這就是「鳥」呀!?
咦！我們在飛耶！
身體也變小了！
這是什麼呀!?
3D虛擬實境影像
我是根據電腦裡的數據做出加拉巴哥群島和雀鳥。
好厲害喔！謝謝！
資料說這是「三個生物多樣性當中的第一個」。
啊，對。沒錯。
吵吵鬧鬧

嘿，這個鳥叫什麼呀？
這裡全部都是雀鳥喔。
喔~都是同一種鳥呀。
牠們叫雀鳥——。
伸手
盯——
牠們是一種不管是昆蟲還是樹果
都會啄食的鳥類。
不對喔，姐姐！
會吃蟲的是鳥喙細長的雀鳥啦！
咦？
啪
鳥喙又厚又大的雀鳥只吃大顆果實，
鳥喙雖然厚但是比較小的只吃小顆果實！
沒錯喔。很細心耶，裕太。
呵呵
加拉巴哥群島同種的雀鳥只要棲息地不同，食物就會有所不同，
鳥喙的形狀也會隨之變化
素食樹雀
啄木樹雀
綠鶯雀
仙人掌地雀

明明是同一個物種，為什麼吃的東西會不一樣呢？
對生物來說，這麼做才會有利於存活呀。
？為什麼？
假設所有的雀鳥都只吃「大顆果實」的話——。
生長大顆果實的樹要是哪天生病全數滅亡，妳覺得會發生什麼事呢？
會沒有食物，然後所有的雀鳥都將滅絕，是吧？
如果所有的雀鳥都吃大顆果實的話……
但如果吃的食物全都不一樣的話，
那些以蟲子還有小顆果實為食的雀鳥就可以存活下來。
吃大顆果實的雀鳥
吃小顆果實的雀鳥
吃蟲子的雀鳥
對了！同種生物只要種類越多，滅絕的可能性就會降低喔！
沒錯。
喔~明明是同一種生物，差異竟然會這麼大。
動物這種東西還真是奇怪——！
捏—
植物也有這種多樣性喔。
只是從外觀看不出來罷了。
喔？
小綠。給我們看一下「植物多樣性」的影像吧。
是。
閃

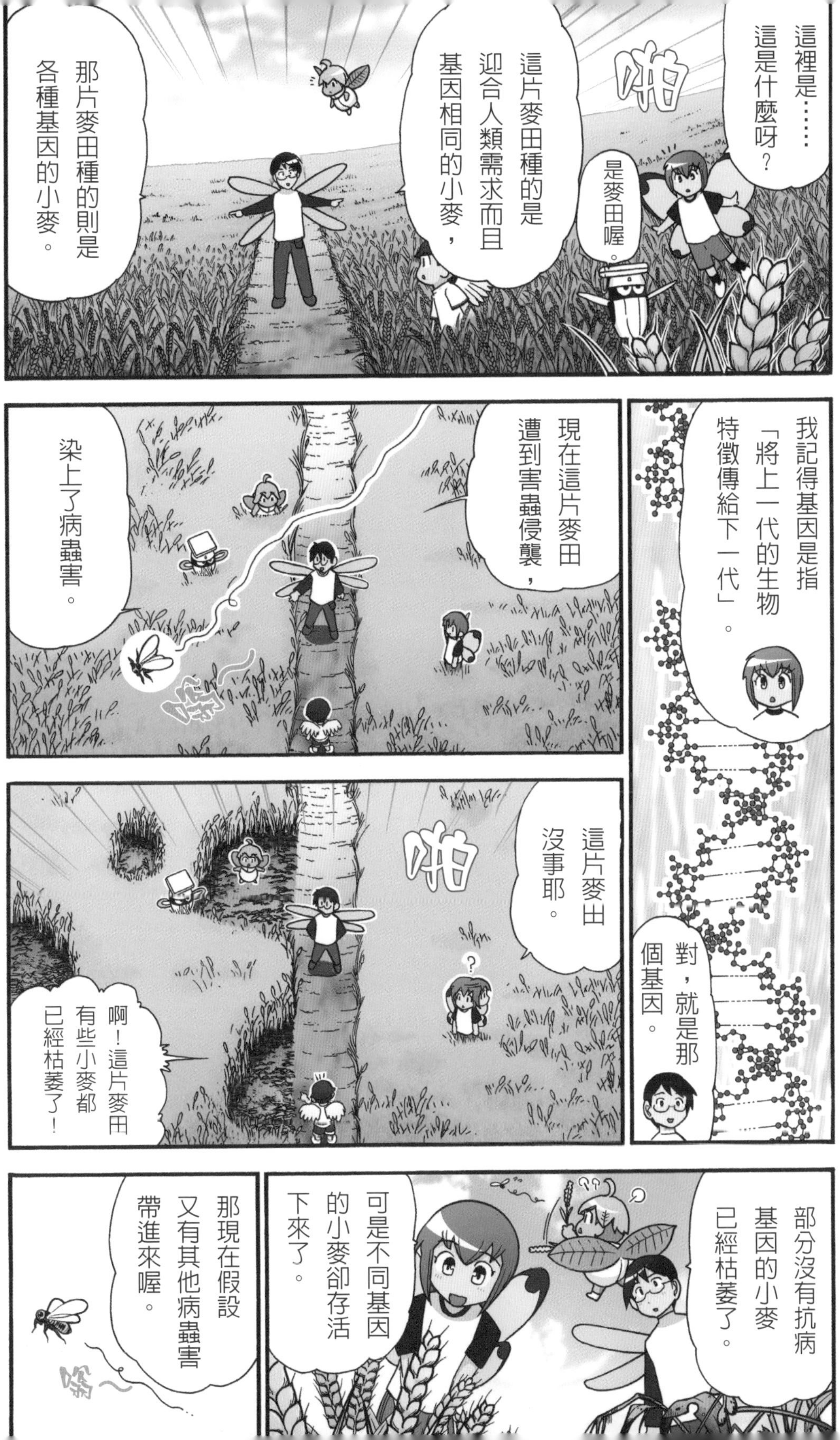
這裡是……這是什麼呀？
啪
是麥田喔。
這片麥田種的是迎合人類需求而且基因相同的小麥，
那片麥田種的則是各種基因的小麥。
我記得基因是指「將上一代的生物特徵傳給下一代」。
現在這片麥田遭到害蟲侵襲，
染上了病蟲害。
嗡～
對，就是那個基因。
這片麥出沒事耶。
啪
？
啊！這片麥田有些小麥都已經枯萎了！
部分沒有抗病基因的小麥已經枯萎了。
可是不同基因的小麥卻存活下來了。
那現在假設又有其他病蟲害帶進來喔。
嗡～

天哪！
這片麥田
全軍覆沒!!
啪啪
不過那片麥田
還是有一些小麥
存活下來喔！
雀鳥也是同樣
情況。
要是所有雀鳥
都擁有相同特質，
萬一發生問題，
就會全部滅亡；
但若是牠們各有不
同特質，那麼就可
以倖存下來。
這樣的差異
就叫做
「遺傳多
樣性」。
這就是生物多樣
性之所以重要的
理由之一喔。
原來—
哇—
……
問你，那蟲會
帶來病害嗎？
這個嘛。
有些病害是
蟲子帶來的。
那我知道了。
植物會死就是
因為有害蟲這樣
的生物。
不對不對！
你根本就沒聽懂！
指

其他生物要是消失了，那麼植物也會有麻煩喔！
什麼!?
你說什麼？
植物之所以能活著，是因為有各種生物存在！
你說什麼？
什麼意思？
小綠，我想體驗一下「食物鏈」。
是。
啪！
哇!!
這是哪呀！
在植物的葉子裡。
這次我試著把整艘太空船帶入虛擬空間裡。

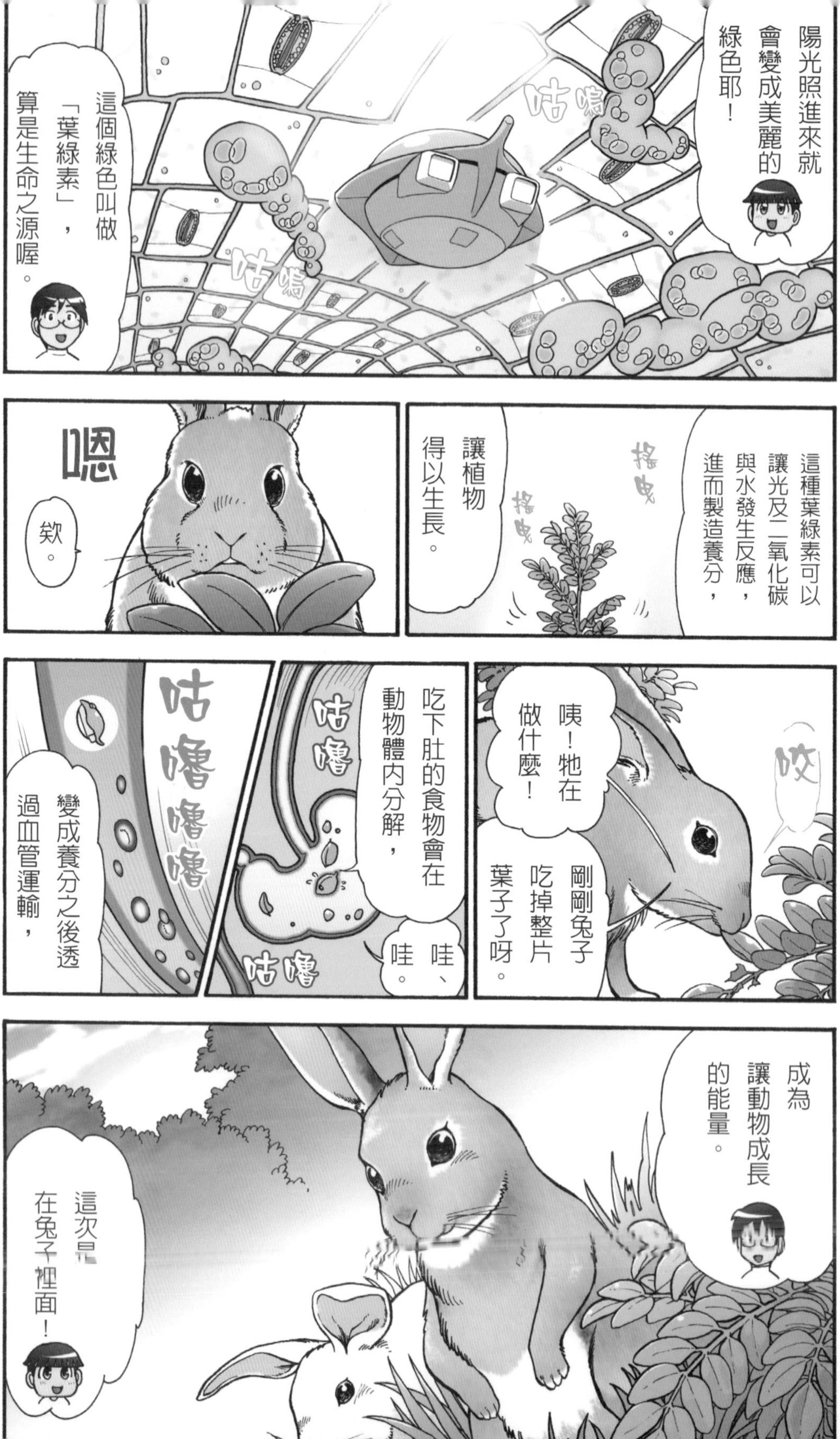
陽光照進來就會變成美麗的綠色耶！
咕嚕
咕嚕
這個綠色叫做「葉綠素」，算是生命之源喔。
這種葉綠素可以讓光及二氧化碳與水發生反應，進而製造養分，
搖曳
搖曳
讓植物得以生長。
嗯
欸。
咬
咦！牠在做什麼！
剛剛兔子吃掉整片葉子了呀。
吃下肚的食物會在動物體內分解，
哇、哇。
咕嚕
咕嚕
咕嚕嚕嚕
變成養分之後透過血管運輸，
成為讓動物成長的能量。
這次是在兔子裡面！

以這種方式生長的草食性動物
會因為受傷或壽命到了而回歸大地，
或者被肉食性動物捕食。
喝
嚇！
哇──會被吃掉呀──！
天哪，好殘忍喔！
啃食
啃食
肉食性動物就是這樣生活的。
不過牠們終究會老死……
因為這樣而倒卜的動物屍體
會被微生物分解。
經由微生物排泄出來，變成更小的物質之後……
就會成為養分，被植物根部吸收──
吸──

植物就會再次成長。
喔——葉子又長回來了——。

生命透過各種生物又再次回來……這就是循環。
也就是說，生物之間有個相互聯繫的「生命之環」。

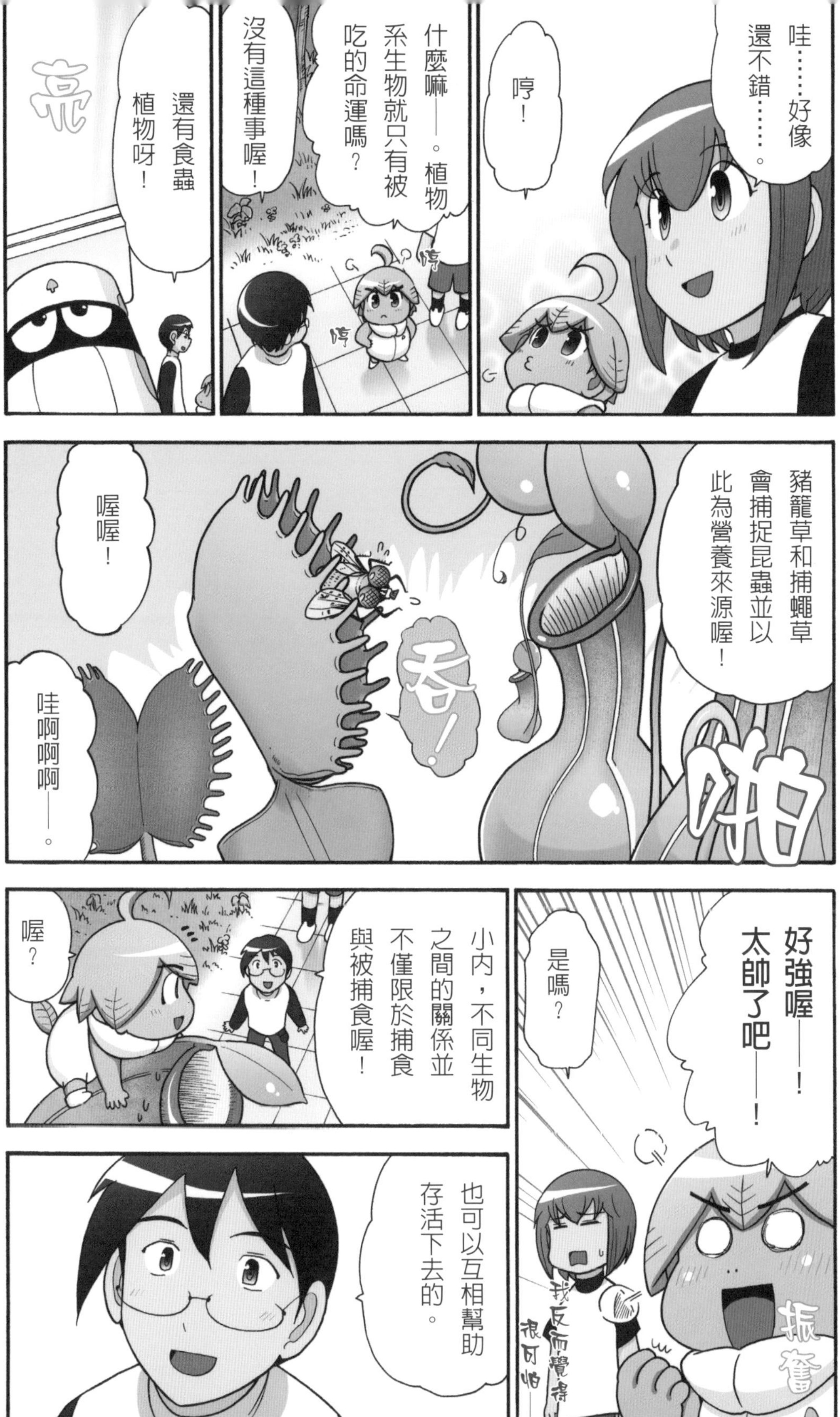
哇……好像還不錯……。
哼！
什麼嘛——。植物系生物就只有被吃的命運嗎？
沒有這種事喔！
還有食蟲植物呀！
亮
豬籠草和捕蠅草會捕捉昆蟲並以此為營養來源喔！
啪
吞！
喔喔！
哇啊啊啊——。
好強喔——！太帥了吧——！
是嗎？
振奮
我反而覺得很可怕
小內，不同生物之間的關係並不僅限於捕食與被捕食喔！
喔？
也可以互相幫助存活下去的。

像螞蟻會保護蚜蟲免受天敵攻擊，而蚜蟲則是會分泌香甜的汁液與螞蟻分享。
克氏海葵魚會藏在海葵中以躲避天敵的追捕，而海葵則會因此得到克氏海葵魚吃剩的食物。
哇
這樣的關係就叫做「共生」。
其他像蜜蜂和蜂鳥在採取花蜜的時候也會順便將身上沾到的花粉帶到其他花朵裡。
鳥兒吃掉植物果實之後也會將帶有種子的糞便排泄在其他地方。
正因如此，植物才會在偏遠地區繁殖。
所有生物都是透過這種互助關係而生存的。
正因為有各種生物的存在，植物和動物才得以生存下去……。
而不同物種之間的聯繫就是第二個生物的多樣性——
嗯
嗯
「物種多樣性」。

喔——
原來如此。原來這個星球上的植物並不是靠自己生活的呀。
嗯～
所以我要是殺了植物以外的生物，那麼植物就會有麻煩，是吧？
對！沒錯！
這個星球還真是有趣！和我的星球完全不一樣！
是的！很有趣喔！
我開始對生物多樣性產生興趣了！
呼——，太好了。終於聽懂了……。
呼
辛苦了。
這個傢伙最棒了啦！
會被吃掉喔！
跳
這樣子的話，
緊接在「遺傳多樣性」和「物種多樣性」
這兩個後面的第三種生物多樣性是什麼？
是「生態系多樣性」。

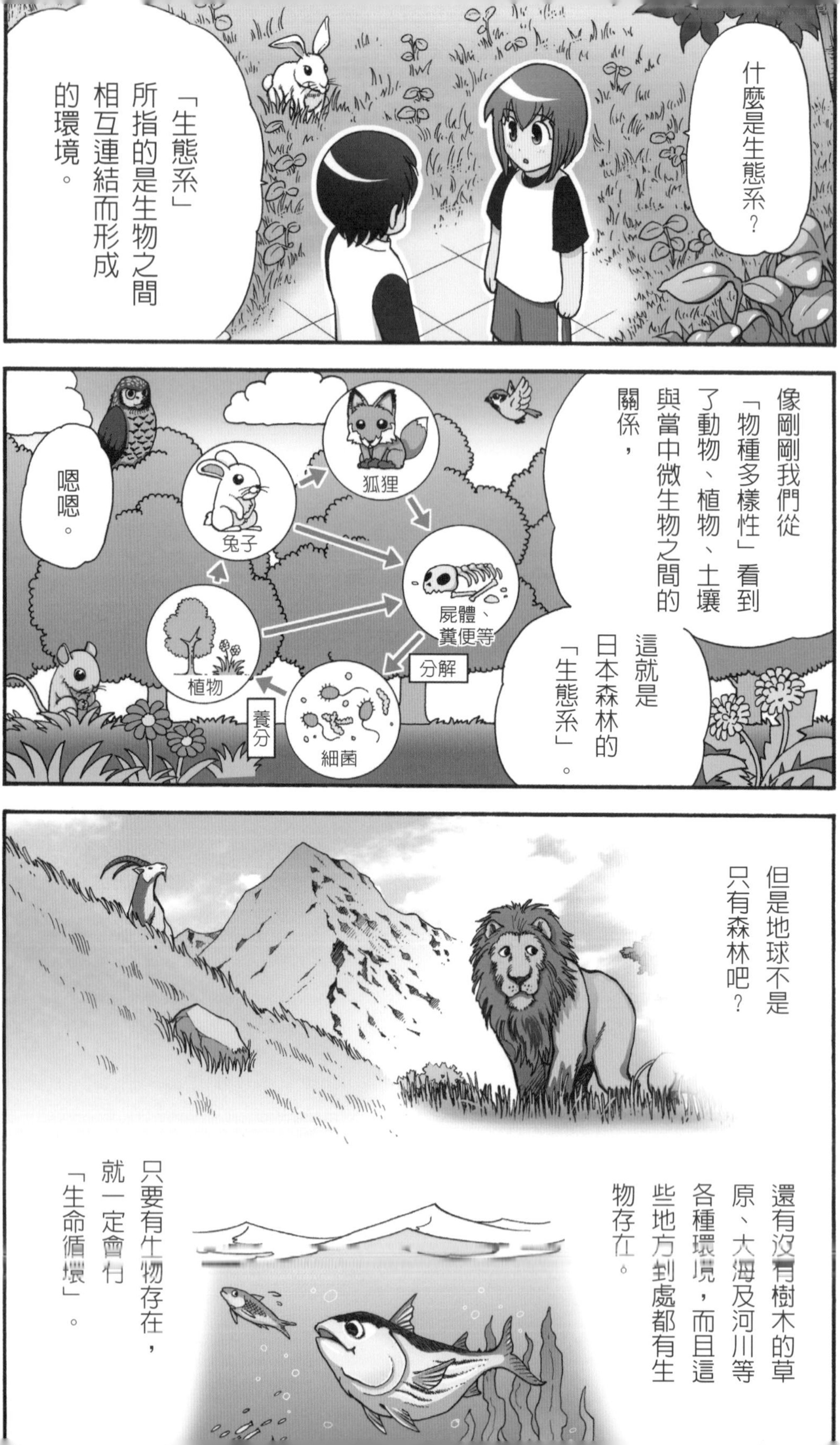
什麼是生態系?
「生態系」所指的是生物之間相互連結而形成的環境。
像剛剛我們從「物種多樣性」看到了動物、植物、土壤與當中微生物之間的關係，
這就是日本森林的「生態系」。
嗯嗯。
狐狸
兔子
屍體、糞便等
分解
植物
養分
細菌
但是地球不是只有森林吧?
還有沒有樹木的草原、大海及河川等各種環境，而且這些地方到處都有生物存在。
只要有生物存在，就一定會有「生命循環」。

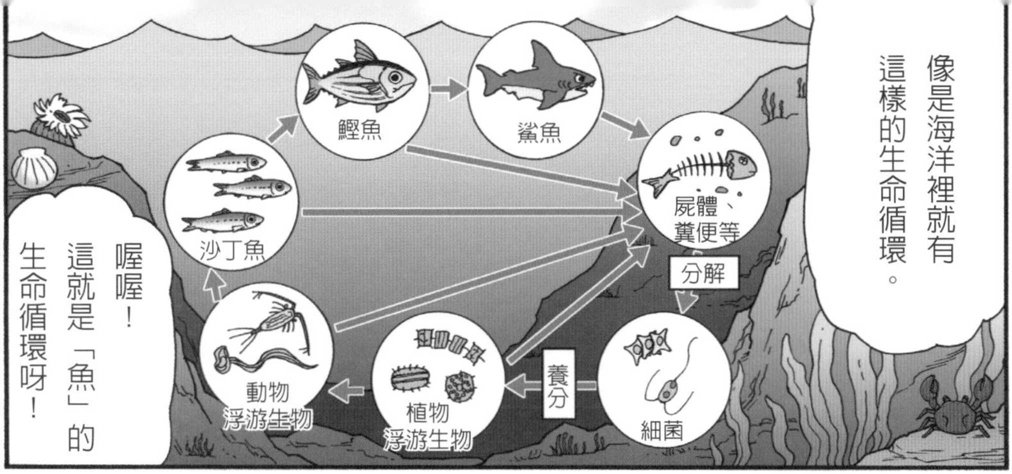
像是海洋裡就有這樣的生命循環。
喔喔！這就是「魚」的生命循環呀！
鰹魚
鯊魚
沙丁魚
屍體、糞便等
分解
細菌
養分
植物浮游生物
動物浮游生物

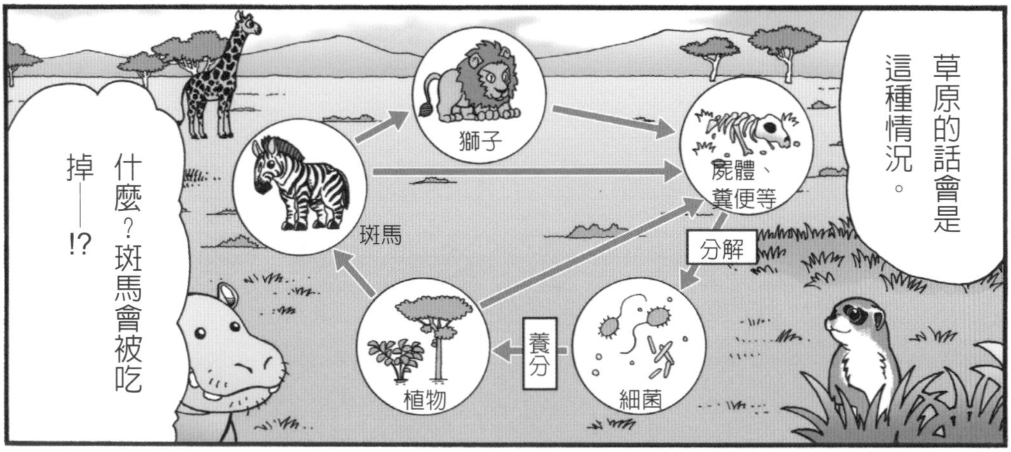
草原的話會是這種情況。
什麼？斑馬會被吃掉——!?
獅子
斑馬
屍體、糞便等
分解
細菌
養分
植物

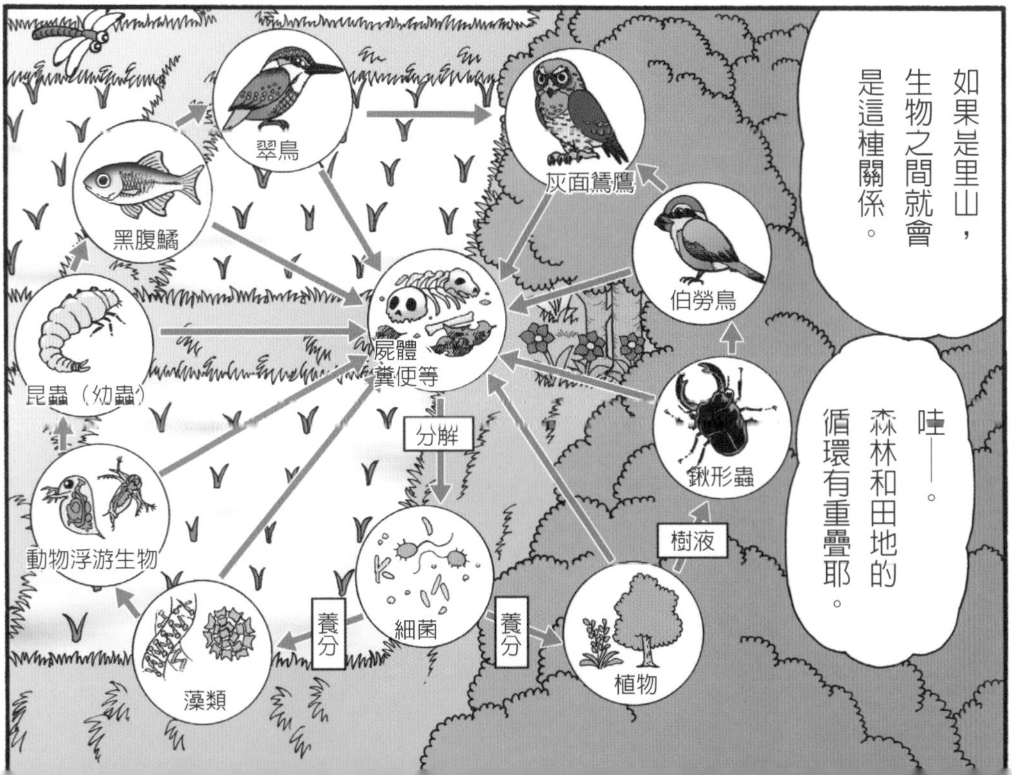
如果是里山，生物之間就會是這種關係。
哇——。森林和田地的循環有重疊耶。
翠鳥
灰面鵟鷹
黑腹鱊
伯勞鳥
屍體糞便等
昆蟲（幼蟲）
鍬形蟲
分解
樹液
動物浮游生物
細菌
養分
養分
藻類
植物

我們生活的城市也有一個生態系，
啊！有烏鴉耶！
蛇
烏鴉
老鼠
人類丟棄的剩菜剩飯
屍體、糞便、剩菜等
分解
蚱蜢
OX公園
植物
養分
細菌
就算是看似沒有生物存在的沙漠也有生態系。
這種地方也有啊！
仙人掌貓頭鷹
響尾蛇
屍體、糞便等
分解
袋鼠、老鼠
植物
養分
細菌
哇！不管是什麼樣的地方都一定會有生命循環耶──！
沒錯。就算是小水窪，也有生態系喔。
這些生物在地球的各個地區建立各種生態系……。
而這就是第三個的「生態系多樣性」。

各個地方只要有不同的生態系，就能降低物種滅絕的風險。
因為這樣就算某個地方的生物由於環境惡化而遭到滅絕，
草原
沙漠
城市
里山
海洋
其他環境中的生物仍然可以生存。
……。
原來如此！
生態系呢……只要越豐富，生物多樣性越高，這個星球上的生物就能穩定存活。
沙漠
嗯，沒錯！
里山
城市
海洋
唔……
怎麼了？
不是啦，生物多樣性對於自然界中的生物來說固然重要，
但是從這個角度來看的話，和人類好像沒有什麼關聯。
沒有這種事喔！從生物多樣性中獲得最大利益，

接受「生態系服務」的就是
我們人類喔！
生態系服務？
小綠，可以給我們看一下「四大生態系服務」嗎？
是。
啪
啪
啪
首先是我們的食物。不管是蔬菜、肉類、還是魚類，都是其他生物。
食物
蛋
胡蘿蔔
高麗菜
魚
青椒
雞肉
豬肉
用來做衣服的布料是動、植物製成的，酒和藥物也是用各種生物做成的。
所以我們人類生活所需的東西大多都是因為眾多生態系才得到的。
服裝原料
麻
蠶絲
棉花
用來製作藥品及酒類
歐洲紅豆杉（抗癌劑）
高麗蔘
麴
酵母菌
絲狀菌
這些與衣食住行相關的生態系服務就稱為「供應服務」。

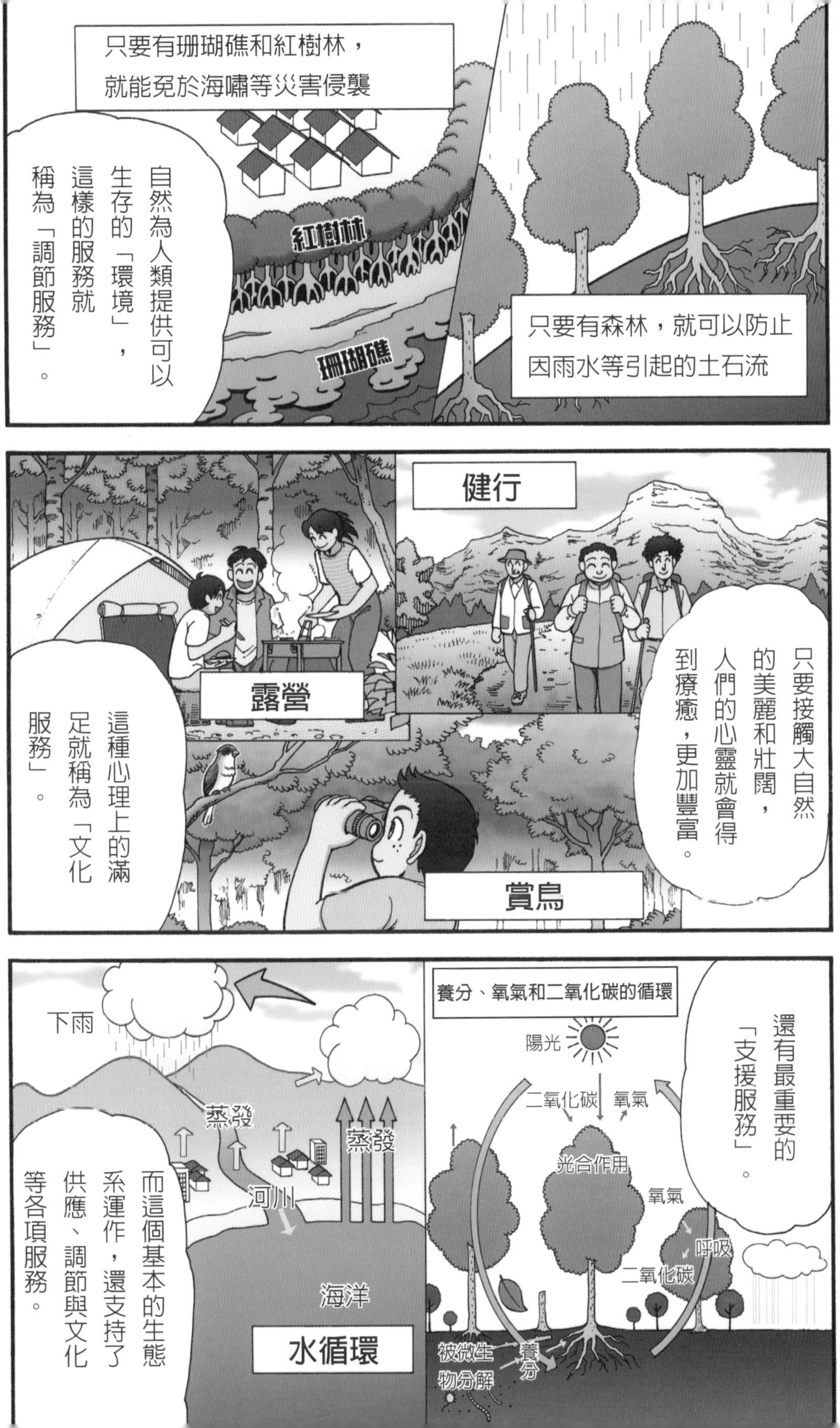
只要有珊瑚礁和紅樹林，
就能免於海嘯等災害侵襲
紅樹林
珊瑚礁
自然為人類提供可以生存的「環境」，這樣的服務就稱為「調節服務」。
只要有森林，就可以防止
因雨水等引起的土石流
健行
露營
賞鳥
只要接觸大自然的美麗和壯闊，人們的心靈就會得到療癒，更加豐富。
這種心理上的滿足就稱為「文化服務」。
下雨
蒸發
蒸發
河川
海洋
水循環
而這個基本的生態系運作，還支持了供應、調節與文化等各項服務。
養分、氧氣和二氧化碳的循環
陽光
二氧化碳
氧氣
光合作用
氧氣
呼吸
二氧化碳
被微生物分解
養分
還有最重要的「支援服務」。

哇……本來不自覺的，
可是現在這麼一看，才知道大自然竟然如此照顧我們！
對呀。我們平常不太會注意這些事。
人類就是因為「生態系服務」才得以生存下去。
而這些生態系服務是地球豐富的生物多樣性所產生的。
生態系服務
生物多樣性
也就是說，要是沒有生物多樣性你們人類就會活不下去！
沒錯！
嗯嗯
……。
嗯，那我也懂了！
人類
生態系服務
生物多樣性
撐住
嗯……妳現在是不是在想像一個很奇怪的畫面？
生物多樣性真是驚人呀
算了，重要性有傳達到就好

就算是同種生物，只要基因不同，
就會出現各種物種，
形成一個豐富多樣的生態系！
正因為生物多樣性夠豐富，所有生物才能如此穩定生存！
總而言之，生物就是因為有著如此的多樣性
才得以在地球上存活38億年，而且還克服多次的滅絕危機。
滅絕……？
嘿，小舜。說到滅絕的危機——
嗯？
我曾經看過一份資料，說地球現正「處於生物滅絕的危機之中」。
嗯……沒錯。當今這個時代據說是前所未有的「大滅絕時代」……。
大、大滅絕時代!?
啊……

接第68頁

什麼是生物多樣性？

地球上有各種生物棲息，而且每種生物的特徵都各有不同，這對地球環境來說非常重要。

三大基本生物多樣性

人類從其他生物中接受了各種恩惠。而「生物多樣性」這個詞更是道出這個地球必須有許多生物共同生活的重要性。正因為有了生物多樣性，我們的大自然才會如此豐富。

生物多樣性有三個基本層面，那就是「遺傳多樣性」、「物種多樣性」和「生態系多樣性」。接下來就讓我們具體來看看各個層面的內容吧。

擁有各種生物對地球環境來說是件好事喔。

遺傳多樣性

生物的基因是由父母傳給子女的。基因傳遞的是該物種的性質及訊息，就算是相同物種，每個個體的基因也會略有差異。

同一種生物若是基因相同，一旦得到同樣的病，就有可能同時死亡。但是基因如果具有多樣性，那麼就可以避免這種風險了。

基因若是因為棲息地分割而失去多樣性，那麼該物種滅絕的風險就會增加。此外，物種數量一旦減少，就算再次增加，遺傳多樣性也會有所損失。

物種相同但是基因不同

就算有某種疾病盛行，當中的個體若是有足以抗病的基因，那麼這個物種就不會全數滅絕。

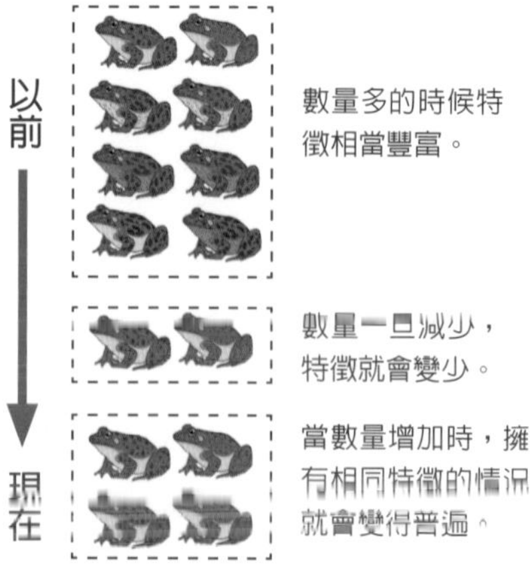
以前
現在
數量多的時候特徵相當豐富。
數量一旦減少，特徵就會變少。
當數量增加時，擁有相同特徵的情況就會變得普遍。

數量只要一旦減少，日後具有相同基因的個體數量就會增加。

物種多樣性

自然界中有許多物種。光是已知的物種就大約有170萬種，如果再加上未知物種，粗估應該會有一千萬甚至三千萬種。

這些物種是生物經過數十億年演化與分支而產生的結果，而且彼此的關係是在「吃與被吃」的情況下相互聯繫。

多數生物彼此之間的關係都相當複雜，不僅豐富了大自然，也使得整個生態相當平衡，這就是物種多樣性。

森林食物鏈的例子

植物被小昆蟲吃掉之後，大昆蟲會吃掉小昆蟲；而小鳥吃掉大昆蟲之後，大鳥會吃掉小鳥。至於動物的死骸和糞便則是會被微生物分解。

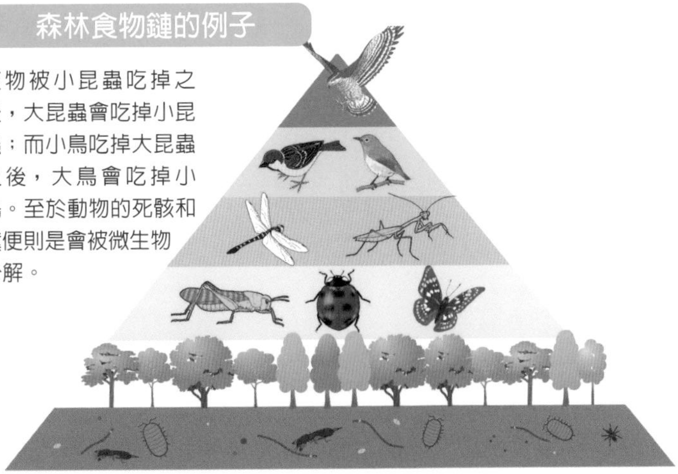

©PIXTA

叼食小魚的翠鳥。自然界的所有生物都是靠「吃與被吃」這層關係聯繫在一起的。

生態系多樣性

所謂的生態系，指的是在某個環境中與「吃與被吃」有關的生物群體以及其周圍的自然環境。生物會因應其所處的環境，例如森林、河流或海洋棲息於其中。

這形形色色的生態系，就稱為生態系多樣性。每個生態系皆有關聯，並且在整個地球上形成一個豐富多彩的生態系。

但是環境只要因為變化而讓生態系失去多樣性，物種滅絕的風險就會增加。

生態系

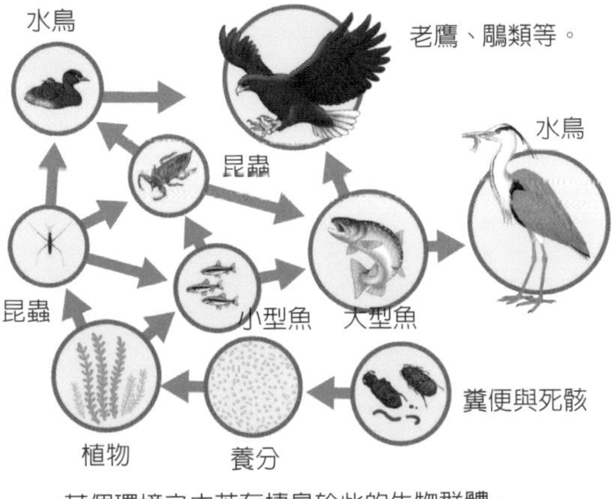

某個環境之中若有棲息於此的生物群體，這就叫做生態系。

各式各樣的生態系

地球上每個地方的地形和氣候各有不同，而且還有適應各種環境的生物居住，呈現出豐富多樣的生態系。

生物的寶庫，溼地的生態系

溼地是豐富多樣的環境之一，所指的是河流、湖泊和海洋等水域，有淡水、海水及鹹淡水（淡水與海水的交匯處）等區域。除了沼澤、湖泊與潮間帶，還包括了水田及河川。

生長在溼地的植物會成為昆蟲和貝類的食物，而青蛙和魚類則是以昆蟲與貝類為食。另外，青蛙和魚類則是鳥類及爬蟲類動物的食物。因為「吃與被吃」這層關係聯繫在一起的多種生物在溼地找到了棲息之地及繁殖場所。不僅如此，這裡也是候鳥等水鳥類休息及覓食的好地方。

溼地通常會與森林、平原或海洋等生態系相鄰相接，在眾多環境中算是非常豐富的生態系。

©PIXTA

在潮間帶上覓食的磯鷸。

森林的生態系

森林是小動物的家園。有以植物為食的昆蟲、捕食昆蟲的鳥類和蛇，以及獵捕鳥類與蛇類的老鷹、鵰類及狐狸等動物。而動物的糞便、骨骸以及落葉被土壤裡的微生物分解之後，就會變成植物所需的養分。

森林的生態系

老鷹、鵰類
棲息在樹上的小動物
狐狸
糞便與死骸
小動物
土壤中的小動物
蚯蚓

潮間帶的生態系

魚
貝類
鳥類
來自自然界和人類生活的養分
浮游生物

潮間帶具有將河流中帶有枯葉、生物骨骸（有機物）等汙水加以淨化的功能。這些有機物沖到潮間帶時會被細菌、螃蟹、沙蟲及貝類等生物當作養分來攝取。這些生物若是被魚類和鳥類吃掉，就可以讓潮間帶變得更乾淨。

海洋的生態系

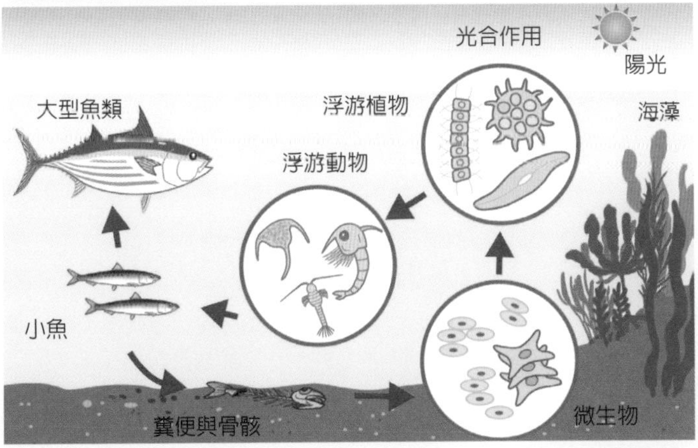
光合作用
陽光
大型魚類
浮游植物
海藻
浮游動物
小魚
糞便與骨骸
微生物

海洋的生態系

海洋是由浮游植物與海藻、以它們為食的浮游動物、以浮游動物為食的小魚，與以小魚為食的大魚連接起來的。此外，生物的骨骸及糞便會被細菌分解成養分，以支持浮游植物的生長。

備受威脅的生物多樣性

地球生物的多樣性是長年累月慢慢形成的。但是人類的活動卻已經對生物的多樣性造成威脅。

過度採集食物

生物多樣性遭到破壞的原因之一，就是人類把生物當作食物來採集或獵捕。

人類大部分的食物都是以生物為基礎。不過隨著人口的增加，人類當作食物採集獵捕的生物量也隨之提升。四面環海的日本曾經是世界上漁獲量最豐富的國家之一，但是近年來鮪魚、秋刀魚及青花魚等漁獲量卻急遽下降。原因之一，就是過度捕撈。

其他像巨型鍬形蟲及狄氏大田鼈等昆蟲，以及日本喜普鞋蘭與日本鷺草等植物也因為人類濫捕濫摘而銳減

©PIXTA

巨型鍬形蟲。棲息於森林裡，以樹液為食。

©PIXTA

日本喜普鞋蘭。頗受人類喜歡，但卻常遭到恣意採擷。

©PIXTA

狄氏大田鼈。棲息在水田裡，以捕捉小魚，吸食體液維生。

因為開發而流失的土地

隨著現代化的發展與人口增加，日本不僅將森林開墾成住宅用地，填海造陸以進行開發，還在河川上游建造水壩，進行護岸工程，讓適合生物生存的地方變得越來越少。

©PIXTA

兩岸都被混凝土固定的河流，是一個讓生物難以生存的環境。

沒有妥善維護的里地里山

人們居住的村莊旁邊若是因為人類的維護而讓生物多樣性更加豐富，這樣的地方就稱為里地里山。然而近年來許多這樣的里地里山因為少了人類的維護，使得生物多樣性越來越少，加上第二次世界大戰之後種植的杉木和檜木等林木近年來常被置之不理，結果只剩少數生物能生活。

©PIXTA

廢棄的竹林。過去人們為了製作竹籃，因此會善加維護竹林，但是近年來廢棄竹林卻有增加的趨勢

急遽變化的氣候

因為人類的活動而導致地球急速暖化，也是生物喪失多樣性的原因之一。像生活在北極圈的北極熊活動範圍就是受到地球暖化影響而大幅縮小。此外，植物無法為了適應環境而立即遷移所帶來的影響不僅是數量下降，就連利用該植物生活的昆蟲也隨之變少。

而海水的溫度若是有所變化，海流的路徑就會跟著改變，這樣就會影響到海洋生物的分布，甚至對生態系產生重大影響。

©PIXTA

氣溫若是因為地球暖化而上升，生活在高山涼爽環境中的雷鳥就會失去棲息地。

汙染陸地和海洋的垃圾

人類製造的大量垃圾不僅汙染了陸地和海洋，也影響了生物的多樣性。

特別是那些就算經過一段時間依舊無法分解的塑膠垃圾只要一流入海洋，魚類、海龜、鯨魚等動物就會誤以為是食物而吞下肚，有時甚至會導致死亡。據說海洋中的垃圾比海洋生物還多，儼然成為一個嚴重的問題。

©PIXTA

大量丟棄在沙灘上的垃圾。

破壞生態系的外來種生物

讓生態系遭到破壞的原因之一，就是外來種生物。這些因為人類的恣意行為而帶入當地的生物已經對生態系造成嚴重影響。

影響生物多樣性的外來種生物

地球上的每個環境都有為了適應該處地形與氣候等因素而演化，並且在那樣的環境中與其他物種有所聯繫以便存活下去的生物。不管是動物還是植物，都需要一段漫長的時間才能遷徙。但是適者生存，不適者淘汰。正因如此，生態系才會慢慢有所變化。

但是近年來人類為了食用或當作寵物而引進的生物有時卻會在被帶入的環境中定居下來。這樣的生物稱為外來種生物，而原本就已經存在的生物則是稱為原生種生物或原生物種。由於種種因素，這些外來種生物破壞了原有生態系結構，對生物多樣性造成影響，並在各地引起問題。

外來物種的影響

雜交

與本土種生物雜交，導致原有生物失去遺傳的多樣性。

捕食

食用原有的生物。

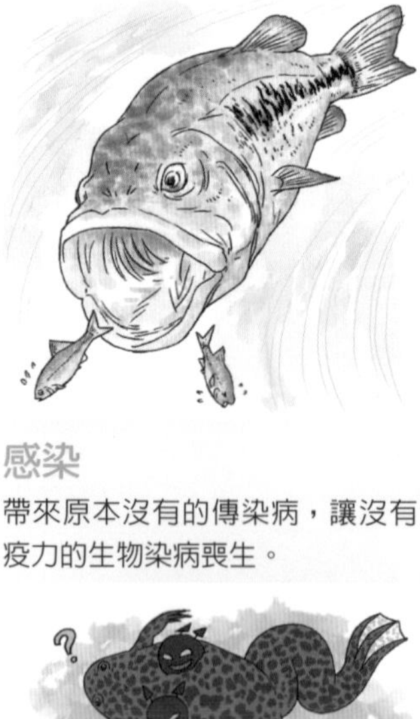

競爭

為了求生而與生活在相同環境或以相同食物為食的生物競爭。

感染

帶來原本沒有的傳染病，讓沒有免疫力的生物染病喪生。

不僅如此，帶有毒性的生物還會危害人類，有時甚至還會破壞農作物。

影響較大的外來種生物

日本根據外來生物法將造成問題的外來物種指定為特定外來物種。但是除此之外還有許多會影響到生態系的生物。

主要的外來種生物

©PIXTA

相思鳥

本為進口的寵物鳥，卻被飼養家庭及寵物業者放生，自20世紀初開始在日本定居。

©PIXTA

海狸鼠(河狸)

本來是為了剝取皮毛而飼養，現在主要棲息在西日本。

©PIXTA

藍鰓太陽魚

自美國引進，之後卻在各地野放。會食用本地魚種。

©PIXTA

彩龜

本為進口的寵物龜，但卻遭到野放。會食用池塘及沼澤裡的魚。

©PIXTA

漂浮雷公根

以觀賞目的而引進的植物，之後在九州等地自然生長。會在池塘中繁殖，阻礙本土植物生長。

即使是國內也不可以隨意移動

即使是原本生活在日本的生物，若是遷移到原始棲息地以外的地方，就會在當地造成與外來種生物一樣的影響，所以絕對不可這麼做。

像是獨角仙只生活在本州以南，若是帶到北海道，就有可能會破壞當地的生態系，這種生物稱之為「國內外來種生物」。另外像鱒魚或螢火蟲等生物若是帶到遠處放生，就會破壞當地的生態系。

不要帶到非原生地的地區去。特別要注意那些擁有獨特生態系的地方，例如沖繩和小笠原群島。

維護生物的多樣性

為了保護正在喪失的生物多樣性，世界各國正展開國際合作，並在各地致力恢復環境。

努力維護生物多樣性的國際

生物多樣性的問題，與地球暖化以及我們利用生物多樣性的生活方式有關。若要維護生物多樣性，世界各國勢必要合作。

在1950年代至1960年代這段期間，歐洲諸國工業化的發展讓環境問題浮出檯面。為此世界各國召開了保護生物多樣性的國際會議並且簽訂相關條約。

1971 年《拉姆薩公約》（或稱《溼地公約》）

正式名稱為《國際重要水鳥棲地保育公約》。以維護在國際上頗為重要的溼地以及在此棲息、生長的動植物為宗旨。

1973 年 《華盛頓公約》

正式名稱為《瀕臨絕種野生動植物國際貿易公約》。旨在禁止或者限制進出口那些被認為需要保護的瀕危野生動植物及其加工品。

1992 年 《生物多樣性公約》

在巴西里約熱內盧舉行的地球高峰會議上，開放日本等 157 個國家簽署的國際條約。旨在於保護整體生物的多樣性，而非某個特定區域或某種生物。

2010 年 《愛知目標》

在愛知縣名古屋市召開第 10 屆生物多樣性公約締約國大會時通過的行動計畫。力求在 2020 年以前恢復生態系，並希望 2050 年能實現「人類與自然和諧共存」，但是已實現的目標卻寥寥無幾。

2021 年 昆明宣言

在中國昆明舉辦的《生物多樣性公約》第十五次締約方大會上，各國為阻止生物多樣性流失所造成的損失，因而強調強化國家戰略及整頓法律之重要性而發表的內容，人稱《昆明宣言》。

《生物多樣性公約》第十五次締約方大會（中國，昆明。部分採線上會議）

Cynet Photo

努力保護生物的多樣性

日本各地現在正努力恢復自然環境的原有風貌，致力重建生物的多樣性。

當地志工和小學生參加森林觀察與護林體驗，透過活動了解森林豐富萬千的作用，例如保護生物的多樣性以及水源涵養（儲存和保持水資源）。

福岡市

在東京井之頭恩賜公園進行的清淤活動。先將池塘中的水抽乾，再加以驅除外來種生物。這類清淤活動十分普遍，不僅可以改善池塘水質，本土種生物也會增加。

東京都建設局西部公園綠地課

我們可以做什麼？

為了保護生物多樣性而能做的事其實不少。像是親近大自然，接觸及觀察生物就是其中一個方法。

另外盡量減少能源使用、防止地球暖化、好好珍惜資源、不亂丟垃圾等行為也有助於保護生物多樣性。

利用當地特有的資源，如自然、歷史和文化來推行生態旅遊也是一項保護自然的措施。

圖片提供：飯能市

我們現在生活在「大滅絕時代」了嗎？
明明還有那麼多生物的說……？
第3章 大滅絕的時代
嗯，話是這麼說沒錯……
不過你知道地球到目前為止已經經歷過很多次「大滅絕時代」嗎？
知道啊。像恐龍就是在白堊紀滅絕的，不是嗎？

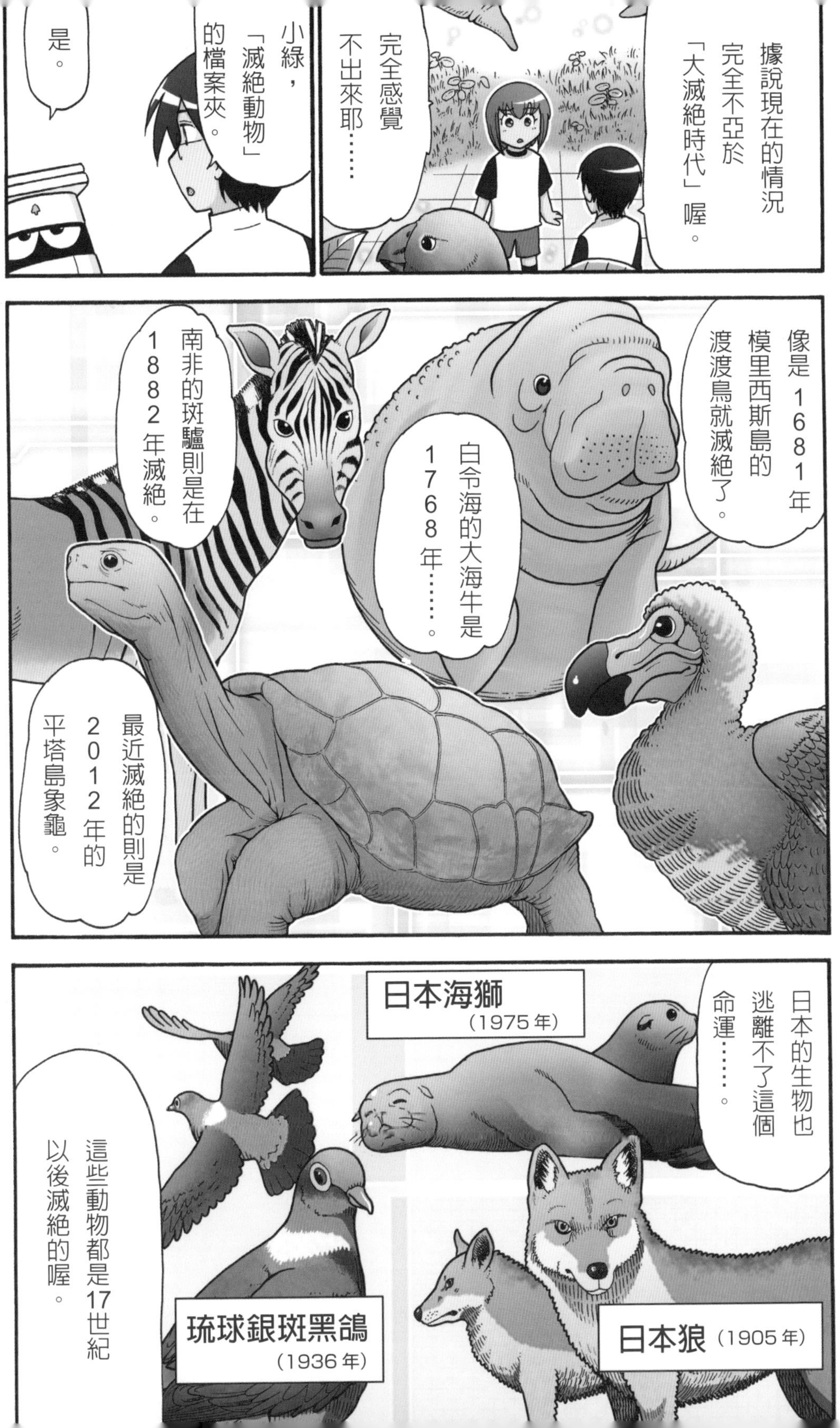
據說現在的情況完全不亞於「大滅絕時代」喔。
完全感覺不出來耶……
小綠，「滅絕動物」的檔案夾。
是。
像是1681年模里西斯島的渡渡鳥就滅絕了。
白令海的大海牛是1768年……。
南非的斑驢則是在1882年滅絕。
最近滅絕的則是2012年的平塔島象龜。
日本的生物也逃離不了這個命運……。
日本海獅
（1975年）
這些動物都是17世紀以後滅絕的喔。
琉球銀斑黑鴿
（1936年）
日本狼（1905年）

怎麼會有這麼多動物滅絕呢!?
原因其實很多……。
啪
像袋狼被當作有害野獸獵殺，
五顏六色的天堂長尾鸚鵡則是被抓來當作寵物飼養，
堪察加棕熊因為身上的毛皮而遭到濫捕滅絕。
1936年滅絕
1920年滅絕
1927年滅絕
還有許多其他動物因為森林砍伐及狩獵運動等各種因素而滅絕。
……怎麼所有滅絕的物種好像都和人類有關呀……
是的……這裡提到的生物都是如此。
哇——很多耶……
問題不是只有已經滅絕的生物才有。
黑犀牛
高鼻羚羊
亞洲龍魚
玉翁仙人球
林斑小鴞
脆弱木槿
玳瑁
金獅面狨
再這樣下去，過沒多久就會有無數生物滅絕。

據說地球上每年有4萬種生物滅絕。
而且現代滅絕的速度比以前還要快一千倍。
生物的滅絕速度
每年滅絕的物種數
40000種
40000
30000
20000
10000
0
0.001種
0.25種
1種
1000種
恐龍時代(約6500萬年前)
1600年
1900年
1975年
2000年
資料來源:《沉沒的方舟》
天哪~!
不僅如此……這個滅絕的速度預計還會再加速。
還要再加速!?為什麼??
都是因為「地球暖化」呀。
地球暖化是指地球變暖了嗎?
可是為什麼?我以為氣候變暖生物就會增加耶……。
剛才我也說了,
地球上的生物都會根據自己所處的環境來建立生態系。
而會影響這個生態系的其中一個因素就是「氣溫」。

很少人知道生物——、
尤其是植物，對於溫度變化其實很敏感。
因為植物不能像動物那樣立刻移動。
根據估計，地球平均溫度只要比現在高4℃，恐怕就會有將近40％的物種面臨滅絕。
什麼!?這麼多呀!?
對了，小內！你不能用你的科學力量讓地球降溫嗎？
例如弄臺大型電風扇之類的！
嗯——是沒有這種東西啦。
不過我有一個更簡單的方法喔。
喔？什麼什麼!?
把人類給毀滅掉就好了，不是嗎？
喔——原來如此！
不可以啦——！
大驚
為什麼？地球暖化不是人類造成的嗎？
更何況剛剛談到的「物種多樣性」
根本就沒有提到人類呀。
那麼就算沒有人類，其他生物也不會受到影響，不是嗎？
就算是這樣也不可以這麼做啦！

別擔心。準備「摧毀全人類的光線」不是什麼問題喔。
別・鬧・了——！
那、那個什麼？用大量的「驚栗炸彈」把大家變成「驚栗」好不好？
蠢蠢
欲動
興奮！！
啊，那好像有點可愛——♡
不好，一點都不好!!
我不是說別—鬧—了！
小舜!!你也阻止他一下嘛！
啊哈哈哈
磨蹭磨蹭磨蹭
唔——。
你說的沒錯。當今的人類對地球來說或許是一種負面的存在……。
洩了氣的氣球
怎麼連你也這麼說呀!?
小舜不可以洩氣！
可是，小內呀。很多時候都是因為有人類，生物才得以保持多樣性喔。
嗯？
有這種事!?
像剛剛在「生態系多樣性」中讓大家看的日本里山就是其中之一。

日本里山的生物多樣性非常豐富。
喔喔!?
這種環境不是自然形成的。
是人類加以維護而來的。
人類加以維護？
也就是清除高大的雜草，讓光線進入雜樹林中，
使得各種花草得以生長，並且吸引小動物與昆蟲前來覓食。
而水邊的水路及田地只要好好整理，
小型的水生生物就得以生長，吸引鳥類和動物聚集於此。

可是人類如果沒有幫忙維護的話——
呼……
樹林就會被生命力極強的雜草所占據，
密密
麻麻
這樣過沒多久，許多花草就會難以生長。
另外，水田若是荒廢而且水源枯竭，
那麼生活在水邊的小生物就會消失，
荒蕪一片……
而以此為食的動物也會離開里山。
如此一來生命循環就會被打斷，失去原本豐富無比的多樣性。
里山是人類與自然共存的最佳循環系統。
而且現在世界各地都在推行讓符合當地特色的里山再次復活的活動。
所以人類也為了維護生物的多樣性而正在努力喔。

嗯……
我知道人類為了保護生物多樣性在里山所付出的努力，
可是里山以外的地方沒被忽略嗎？
當然也付出了不少心血喔。
1992年在巴西舉辦的地球高峰會通過了《生物多樣性公約》。
UNITED NATIONS CONFERENCE ON ENVIRONMENT AND DEVELOPMENT
Rio de Janeiro 3-14 June 1992
地球高峰會
正式名稱為「聯合國環境與發展會議」，
也就是討論環境與開發的國際會議。
來自172個國家的代表齊聚一堂，
從1992年6月3日到14日
在巴西里約熱內盧舉行的超大型環境會議。
生物多樣性公約？
是的。這是一份「讓世界各國保護生物多樣性」的條約。
具體來講有什麼內容？
鳥獸保護区
特別保護地区
WILDLIFE PROTECTION AREA
SPECIAL PROTECTION AREA
首先是保護整個棲息地的生物，讓牠們免於滅絕的活動。

例如保護馬達加斯加的指猴或非洲大草原的長頸鹿及斑馬等活動。
這種針對每個生態系而採取的保護活動稱為「就地保育」。
而相對保護活動稱為「移地保育」。
不是「就」地而是「移」地？
環境一旦遭到破壞，就不容易復原。
通常需要好幾十年的漫長時間才能恢復生機。
許多在這種地方棲息的生物就是因為這樣被置之不理而滅絕。

「移地保育」是指將這些生物
遷移到動物園或植物園等「原本棲息地以外的地方」進行保護，以防滅絕。
當遭到破壞的環境復原之後再使其回歸自然……這就是移地保育。
所以才叫「移」地保育呀。
沒錯。
其他像保存人工繁殖所需的DNA資料、
冷凍受精卵，
以及存放植物種子的「種子銀行」等活動都是喔。

努力維護生物多樣性的團體還有很多。
像環保*NGO的IUCN（國際自然保護聯盟）就編製了一本《瀕危物種紅皮書》向世界告知生物滅絕的危險，
The IUCN Species Survival Commission
2004 IUCN Red List of Threatened Species™
A Global Species Assessment
瀕危物種紅皮書
列出瀕臨滅絕的稀有物種，並且公開這些物種的分布範圍以及可能滅絕的原因等資料。1966 年由 IUCN 出版。
「WWF」（世界自然基金會）和「WI」（溼地國際）等環保 NGO 也同樣在維護生物多樣性這方面付出了不少努力。
WWF：保護瀕危動植物的組織。
哇──！原來有這麼多活動呀──！
是啊。
WI：致力保護重要的溼地，以作為野生動物棲息地的組織。
破壞地球生物多樣性的罪魁禍首確實是人類。
但是人類也正在努力保護及恢復生物的多樣性。
……。
小內。

＊NGO（非政府組織）：活躍於醫療、環境等諸多領域的民間組織團體。

所以我懂小內想要努力守護地球植物的心。
但是我們也正在努力守護它們。
這顆星球的事情能不能再讓我們多負責一些呢？
……。
喂……！小內！
……！
嘶
咻

嗶
咻
咔喳！
知道了……。那我就再觀望吧。
嗯？
在聽你們說的時候……
我就已經了解到生物多樣性其實非常重要，
也明白人類正在努力當中……
所以我相信你們說的話。
也是啦。這個包括人類在內的許多生物都互有關聯的星球確實很有趣！
小內……！

……那我差不多該回去了。
小內！小綠！一定要再來玩喔──！
揉捏
揉捏
當、當然會來！我要來看看你們有沒有好好遵守承諾！
啊哈哈哈。
要是沒有好好保護的話，我就丟「驚栗炸彈」炸你們！
天哪，好想看到這種情況喔♡
求求你，不要這樣對我們……
轟隆
三位，再見了！
啊，嗯！
小內！

下次你來的時候
地球會變成一個
讓你覺得「幸好當初
沒有按下那個按鍵」
的星球喔！
──！
那我就拭目以待囉！
掰掰──！
再見──！
要保重喔──！
轟隆隆隆隆
走一趟去調查是
對的，少爺。
沒錯。
嗶嗶

轟 轟 轟 轟
地球的調查工作結束了嗎？
王子。
咔喳！
我們已經準備好了，只要您一下令，就可以向地球發射毀滅光線。
嗯嗯，等等、等等。
這件事先暫停。
暫、暫停嗎……!?
可是這個星球的植物系生物已經越來越少了……
的確，再這樣下去是不行了。
不過——、
不過？
我沒有看過這麼有趣的星球！
生物種類豐富一點真的會比較有趣！
嗡 嗡
哈 哈
……

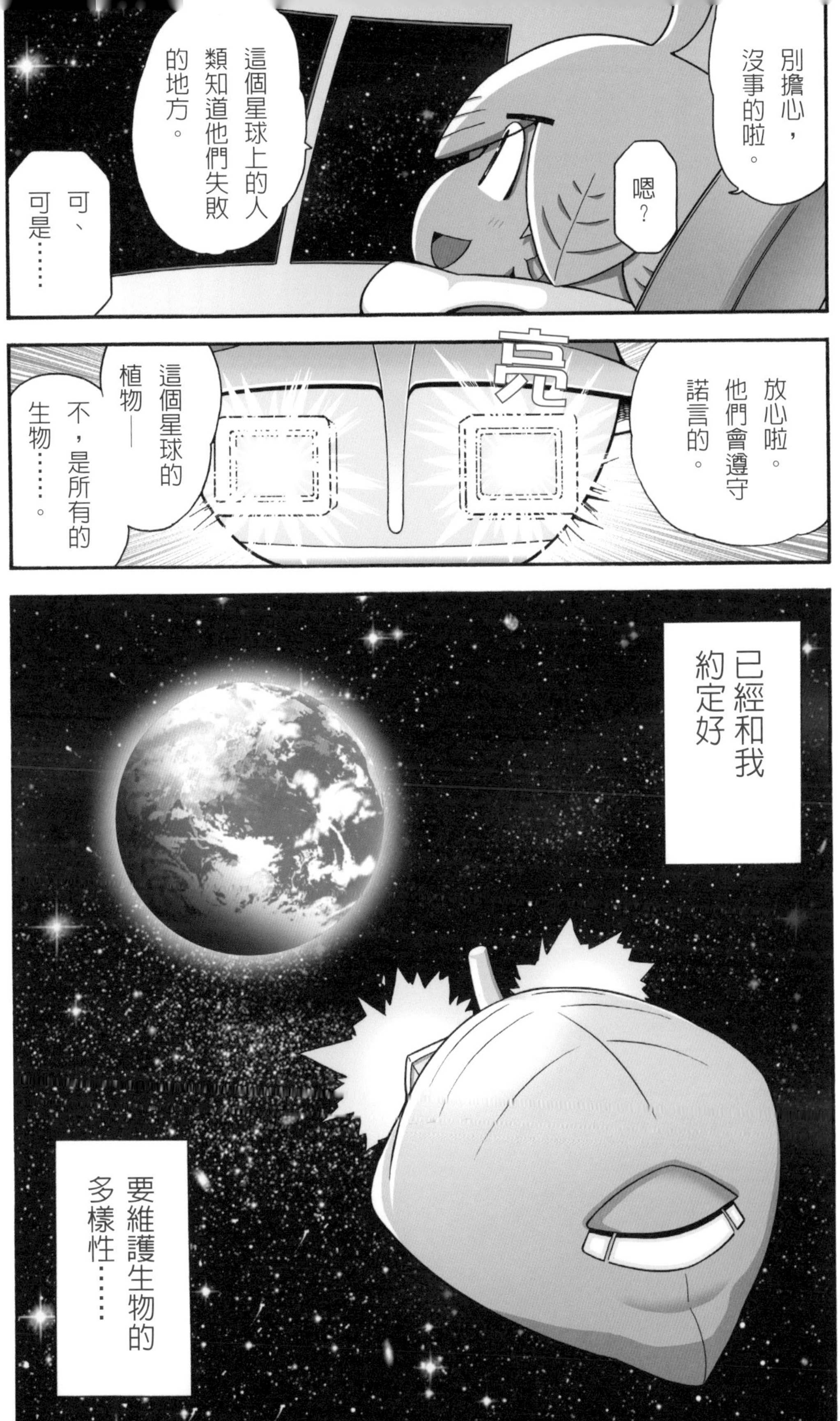
別擔心，沒事的啦。
嗯？
這個星球上的人類知道他們失敗的地方。
可、可是……
放心啦。他們會遵守諾言的。
亮
這個星球的植物——
不，是所有的生物……。
已經和我約定好
要維護生物的多樣性……

已經滅絕的生物

自地球有生命誕生以來，雖然出現許多生物，但也陸續滅絕了不少。而1600年以後生物的滅絕更是與人類脫離不了關係。

許多物種因為人類而滅絕

生物物種從地球上消失稱為滅絕。生物一旦滅絕，就無法再次復活。

地球上的生物若是跟不上環境變化，或者被其他生物過度捕食就會瀕臨滅絕。在生物史當中，物種滅絕是一種自然現象。

但是自1600年以來，人類活動範圍的擴大導致滅絕的物種數量急速增加。為了當作食物或利用毛皮而獵捕、讓環境因為開發而產生變化，甚至引進外來種生物到原本不屬於牠們存在的地方去等等，這些都是造成許多生物滅絕的因素。

渡渡鳥（1681）

一種原產於模里西斯島而且不會飛的鳥。除了被當作食物，還被人類帶來的狗吃掉。

大海牛（1768年）

生活在白令海的儒艮同類。被當作航海食物而捕殺，發現之後僅27年就滅絕。

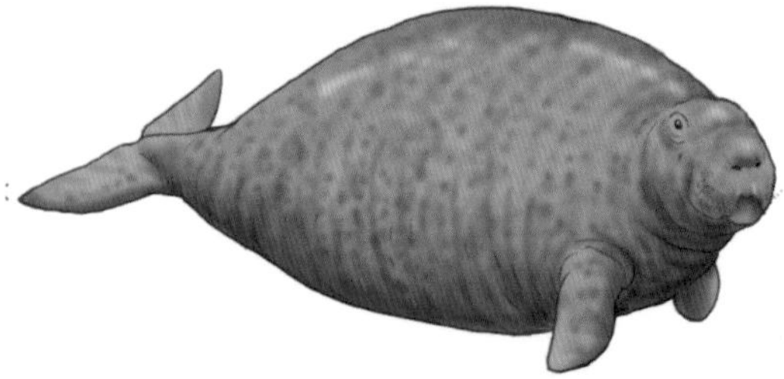

大海雀（1844）

生活在北大西洋和北極海、但卻不會飛的鳥類。因為羽毛與油脂而遭到濫捕。

日本狼（1905）

分布於本州至九州。因為開發導致棲息地變少，加上明治時代狂犬病爆發，故被認為已經滅絕。

※ 標示的年代是認為已經滅絕的年份。

琉球銀斑黑鴿（1936）

原本棲息於琉球群島，卻因被捕抓作為食物及森林砍伐而滅絕。

旅鴿（1914）

廣泛分布在北美，據說是歷史上數量最多的鳥類，卻因被當作食材而遭到濫捕。

爪哇虎（1980）

僅見於印尼的爪哇島。因為森林砍伐而失去居所及食物。

袋狼（1936）

原本棲息於澳洲的塔斯馬尼亞島。當時來自歐洲的移民飼養了綿羊，因此被視為害獸而遭到殺害。

日本水獺（1979年左右）

明治時代以前在日本十分常見，卻因濫捕及開發而減少。最後一次目擊是在1979年，自此之後就再也沒有目擊報告。

白鱀豚（2006）

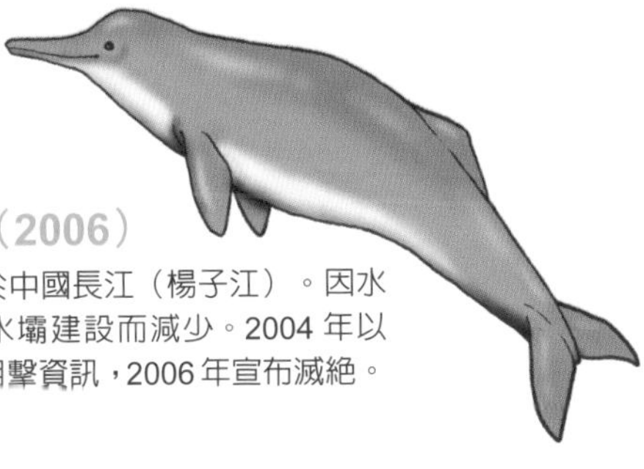

原本棲息於中國長江（楊子江）。因水質汙染及水壩建設而減少。2004 年以後就沒有目擊資訊，2006 年宣布滅絕。

再次發現曾「滅絕」的生物

棲息於秋田縣田澤湖的秋田大麻哈魚（或稱國鱒）原本以為在1940年（昭和15年）已經滅絕。不過，2010年（平成22年）在山梨縣西湖捕獲的一條黑鱒魚被認定為是秋田大麻哈魚，證實這七十年來並未滅絕。

一般認為西湖的秋田大麻哈魚是在田澤湖滅絕之前，魚卵被遷移到此處的秋田大麻哈魚所孵化的後代。

棲息在西湖的秋田大麻哈魚。　照片提供：山梨縣

瀕臨滅絕的生物

世界上有許多生物正面臨滅絕，而且滅絕的速度正急遽加快。

將近4萬種物種瀕臨滅絕

國際自然保護聯盟（IUCN）調查了世界上大約十四萬種生物的瀕危程度，並將資料彙整成「瀕危物種紅色名錄」。資料中指出超過三萬八千五百種生物（占總數的27％以上）正陷入滅絕的危機之中（截至2020年）。

如果人類繼續像過去一樣活動的話，許多生物在不久的將來恐怕就會滅絕，而且許多物種很可能還來不及知道牠們的存在就會滅絕了。

這樣會失去生物多樣性。

瀕危物種的比例　摘自 IUCN 的《紅皮書》

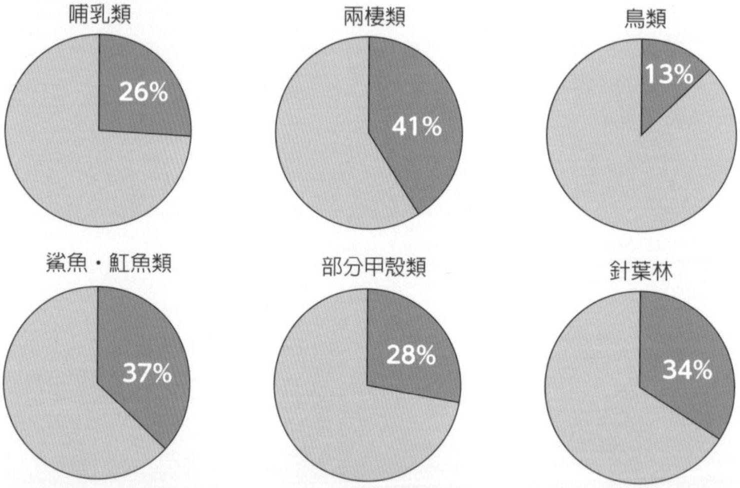
哺乳類
26%
兩棲類
41%
鳥類
13%
鯊魚・魟魚類
37%
部分甲殼類
28%
針葉林
34%

小貓熊

環尾狐猴

西伯利亞白鶴

埃及陸龜

©PIXTA

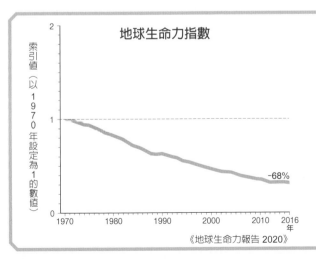

日本的瀕危物種

日本環境省也將瀕危野生動物名單彙整出一本「瀕危物種紅色名錄」。2020年版的環境省「紅皮書」指出日本的瀕危生物有3716種。若再加上2017年（平成29年）公布的「海洋生物紅皮書」所列之生物，則共計有3772種。

日本瀕危物種的比例

摘自環境省 2020 年 3 月 27 日公布的「紅皮書 2020」

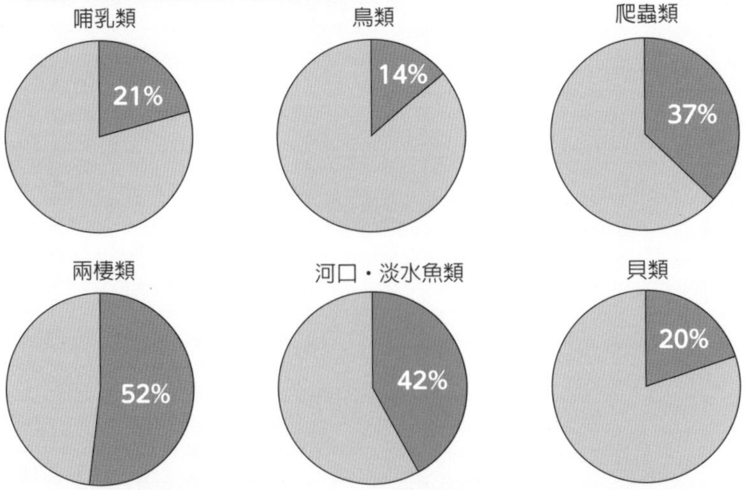

哺乳類
21%
鳥類
14%
爬蟲類
37%
兩棲類
52%
河口・淡水魚類
42%
貝類
20%

海獺

鱂魚

沖繩秧雞

丹頂鶴

©PIXTA

生物多樣性的危機

世界自然基金會（WWF）在其發表的「地球生命力報告2020」中公布了「地球生命力指數」，以作為衡量生物多樣件程度的指標。該報告指出1970年至2016年這段期間，哺乳類、鳥類、兩棲類、爬蟲類和魚類的個體數量已經下降了68％。

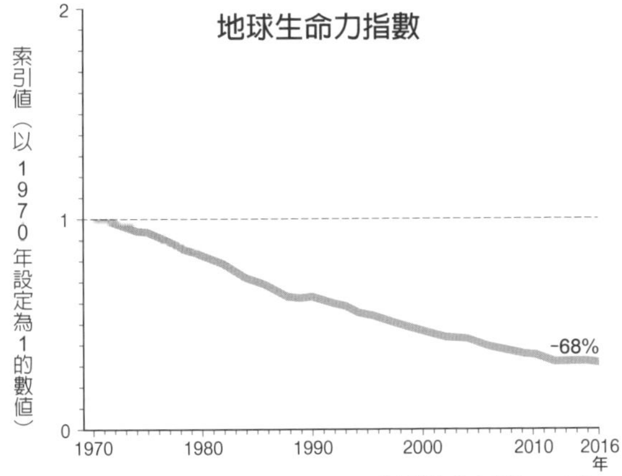

地球生命力指數
索引值（以1970年設定為1的數值）
2
1
0
-68%
1970
1980
1990
2000
2010
2016年

《地球生命力報告 2020》

努力拯救生物免於滅絕

國際社會現正努力防止不讓太多生物滅絕，並且致力改善環境，試圖保護瀕危生物。

以華盛頓公約為根據來限制貿易

1973年，國際間通過了《華盛頓公約》。其正式名稱為《瀕臨絕種野生動植物國際貿易公約》，目的是為了防止人們非法交易瀕危生物及其加工品。

《華盛頓公約》不僅全面禁止野生生物貿易，還以防止野生動植物滅絕、可持續利用為宗旨。

最初成員約有80個國家，現在會員國已經超過180多個。

許多動物非法獵殺的目的，就是為了製作加工品。

《華盛頓公約》 限制交易的生物及加工品

©PIXTA

非洲象和象牙製品

©PIXTA

©PIXTA

玳瑁和龜甲製品

Peter Guess / Shutterstock.com

白尾海鵰

©PIXTA

©PIXTA

穿山甲剝製標本

©PIXTA

鱷魚及鱷皮製品

©PIXTA

保護野生動物

為了不讓數量銳減的野生動物數量再減少，不少國家透過規劃保護區的方式來保護棲息地的自然環境，以防止這些野生動物滅絕。像許多國家都有的國家公園以及納入《拉姆薩公約》（旨在保護重要溼地及生物群落的公約）的溼地，就是人們落實這個理念的行動之一。

聯合國教科文組織在1972年通過的世界遺產中也有保護野生動物的措施。世界遺產分為自然遺產與文化遺產這兩種。而被登記為自然遺產的地區因為符合「尚存瀕危生物在內，對於保護野生生物多樣性來說是最重要的自然棲息地」等標準，所以必須以保護野生動物為責。

倘若這些生物在野外難以避免滅絕，有時人們會試著將這些動植物移到動物園、植物園或保護中心等機構來進行人工繁殖。當人工繁殖培育至某個數量之後，就會將其放回野外。

不過這種方法只能在緊急情況下使用。

©PIXTA

肯尼亞馬賽馬拉國家保護區

連接分散的棲息地

森林一旦被開發，原本有動物棲息的區域變得支離破碎。如此一來像紅毛猩猩這種在森林中生活的動物其活動範圍就會受到限制，因此現在正努力收購這些已經被分割的土地。

另外，為了方便野生動物移動，人們亦會試著在森林之間搭建橋梁。

一座供紅毛猩猩移動的橋。使用的是大阪市消防署提供的舊消防水帶。

照片：大谷洋介，大阪大學

落實野生動物保護的日本

日本也有許多野生動物正面臨滅絕的危險。因此國家、地方政府及民間團體都正在努力保護野生動物。

嘗試增加野生動物的數量

一般認為棲息在日本的生物大約超過30萬種，其中包括尚未發現的物種。日本國土朝南北延伸，加上地形氣候變化多端，因此自然環境十分豐富，而且大約有40％的哺乳類、60％的爬蟲類和80％的兩棲類是日本特有物種。

然而，由於環境的開發及里地里山的荒廢，使得日本的大自然遭到破壞，野生動物也跟著減少。就連過去隨處可見的鱂魚如今也被列入瀕危物種的名單之中。

為了增加瀕臨滅絕的物種數量，日本特地採用在保護中心等地方進行繁殖的方式，等到數量增加之後再野放到大自然生活。

致力推行佐渡朱鷺保護中心

江戶時代以前在日本各地非常普遍的朱鷺由於昔日的濫捕，加上近年來農地、森林開發，以及農藥的使用等因素數量急遽減少，到了2003年（平成15年）完全滅絕。1999年（平成11年），受贈於中國的一對朱鷺在佐渡朱鷺保護中心進行繁殖，數量穩定增加之後，於2008年（平成20年）陸續在佐渡島上野放。

提供：佐渡朱鷺保護中心

在佐渡朱鷺保護中心繁殖的朱鷺。

野放的朱鷺。改善本州和其他地方的棲息地及社會環境也在預定的計畫當中。

提供：環境省

致力落實生態保育

人們為了保護瀕危生物，因而推行捐款活動，或購買有助於生態保育的產品。

日本自然保護協會

推行保護日本瀕危物種，例如金鵰、亞洲黑熊或大琉璃小灰蝶等活動。此外還對自然進行調查，善用自然環境，建設地方社區，並且增加人手以守護自然。

四國的亞洲黑熊保護活動。
照片：四國自然史科學研究中心

自然觀察指導員。除了在當地舉辦自然觀察團，還要號召大家一起保護自然。
日本自然保護協會

佐護對馬山貓米

生活在長崎縣對馬的對馬山貓會捕食水田附近的老鼠和青蛙。因此人們特地栽種及販賣少用農藥或化學肥料的稻米，好讓對馬山貓得以捕食、生活。

生活在對馬的對馬山貓。數量正在減少，處於瀕臨滅絕的危機之中。

考量到環境而栽種的佐護對馬山貓米。
西米野貓稻種植課題組

竹富町故鄉支援捐款

日本沖繩縣竹富町呼籲民眾透過捐贈故鄉稅，並指定這筆稅金只能用在西表山貓等動物的方式來保護動物。

©PIXTA

我們可以做什麼？

在我們能力範圍內，還有其他方式可以保護野生動物。

那就是珍惜自然，不要隨意獵捕動物或採摘植物。只要我們每個人都有一顆愛護自然的心，就能一起保護大自然。

當作寵物飼養的生物要負起責任照顧到最後，絕對不可以因為無法再飼養下去而隨意放生。

注意保護自然，親近大自然。

©PIXTA

套書索引

高月紘老師的話

High Moon

第2冊的主題是「生物多樣性」。就字面來講，這意味著生物存在著多樣性。

生物的多樣性為什麼如此重要呢？誠如插圖所示，我們人類是依靠居住的生態系所提供的各種服務來維持生活。像是水、空氣還有食物都是來自生態系的恩澤。如此重要的服務唯有生態系健全才有辦法提供。而生態系若要維持健全，生物就必須要具有多樣性。唯有各種生物共存互助，整個生態系才有辦法維護下去。別以為生態系中滅絕的生物「只有一個沒關係」，其他成員若是接二連三在地球上消失，最後就會導致整個生態系崩潰瓦解，可見生物保持多樣性是一件非常重要的事。人類若要生存下去，就不能沒有生物多樣性。

生物多樣性
生態系的穩定與維護
生態系服務
空氣
水
原料
藥物
食物
High Moon

「生物多樣性」與我們有什麼關係？

插畫為高月紘老師作品

参考書籍・資料

環境省編,《令和3年版　環境白書》
国立天文台編,《第６冊　環境年表2019－2020》, 丸善出版
池上彰監修,《世界がぐっと近くなる　SDGs とボクらをつなぐ本》, 学研プラス
九里徳泰監修,《みんなでつくろう！サステナブルな社会未来へつなぐ SDGs》, 小峰書店
池上彰監修,《ライブ！現代社会2021》, 帝国書院
帝国書院編集部編集,《新詳地理資料 COMPLETE2021》, 帝国書院
朝岡幸彦監修、河村幸子監修協力,《こども環境学》, 新星出版社
インフォビジュアル研究所著,《図解でわかる14歳からのプラスチックと環境問題》, 太田出版
インフォビジュアル研究所著,《図解でわかる14歳から知る気候変動》, 太田出版
齋藤勝裕著,《「環境の科学」が一冊でまるごとわかる》, ベレ出版
佐藤真久・田代直幸・蟹江憲史編著,《SDGs と環境教育－地球資源制約の視座と持続可能な開発目標のための学び》, 学文社
バウンド著、秋山宏次郎監修《こども SDGs　なぜ SDGs が必要なのかがわかる本》, カンゼン
細谷夏実著,《くらしに活かす環境学入門》, 三共出版
四手井綱英著,《森林はモリやハヤシではない　私の森林論》, ナカニシヤ出版
小泉武栄監修、岡崎務著,《さぐろう生物多様性　身近な生きものはなぜ消えた？》, PHP 研究所

國家圖書館出版品預行編目（CIP）資料

漫畫圖解－地球環境與 SDGs. 2, 一同守護！認識生物多樣性 /
佐保圭原作 ; 中村大志漫畫 ; 何姵儀翻譯 . -- 初版 . --
臺中市 : 晨星出版有限公司 , 2023.12
面 ;　公分
譯自 : マンガでわかる ! 地球環境と SDGs. 第 2 巻 , 守ろう ! 生物多様性
ISBN 978-626-320-617-5（平裝）

1.CST: 環境保護 2.CST: 永續發展 3.CST: 漫畫

445.99　　112013383

漫畫圖解－地球環境與 SDGs2

一同守護！認識生物多樣性

マンガでわかる！地球環境と SDGs. 第 2 巻 , 守ろう！生物多様性

監修	高月紘
原作	佐保圭
漫畫	中村大志
插畫	大石容子、渡辺潔
翻譯	何姵儀
主編	徐惠雅
執行主編	許裕苗
版面編排	許裕偉
創辦人	陳銘民
發行所	晨星出版有限公司 台中市 407 工業區三十路 1 號 TEL：04-23595820　FAX：04-23550581 E-mail：service@morningstar.com.tw http：//www.morningstar.com.tw 行政院新聞局局版台業字第 2500 號
法律顧問	陳思成律師
初版	西元 2023 年 12 月 6 日
讀者專線	TEL：（02）23672044 /（04）23595819#212 FAX：（02）23635741 /（04）23595493 E-mail：service@morningstar.com.tw
網路書店	http://www.morningstar.com.tw
郵政劃撥	15060393（知己圖書股份有限公司）
印刷	上好印刷股份有限公司

定價 400 元

ISBN 978-626-320-617-5（平裝）